A BRIEF HISTORY
OF THE WORLD

世界简史

[英] 赫伯特·乔治·威尔斯◎著

赛 尔◎译

北京理工大学出版社
BEIJING INSTITUTE OF TECHNOLOGY PRESS

图书在版编目（CIP）数据

世界简史 /（英）赫伯特·乔治·威尔斯著；赛尔译. —北京：北京
理工大学出版社，2020.8（2023.9重印）
ISBN 978-7-5682-8546-9

Ⅰ.①世… Ⅱ.①赫… ②赛… Ⅲ.①世界史 Ⅳ.①K1

中国版本图书馆CIP数据核字（2020）第095253号

出版发行 / 北京理工大学出版社有限责任公司
社　　址 / 北京市海淀区中关村南大街 5 号
邮　　编 / 100081
电　　话 / （010）68914775（总编室）
　　　　　　（010）82562903（教材售后服务热线）
　　　　　　（010）68948351（其他图书服务热线）
网　　址 / http://www.bitpress.com.cn
经　　销 / 全国各地新华书店
印　　刷 / 三河市金元印装有限公司
开　　本 / 880 毫米 × 1230 毫米　　1/32
印　　张 / 10.25　　　　　　　　　　　　　　责任编辑 / 李慧智
字　　数 / 238千字　　　　　　　　　　　　　文案编辑 / 李慧智
版　　次 / 2020 年 8 月第 1 版　2023 年 9 月第 3 次印刷　责任校对 / 刘亚男
定　　价 / 58.00元　　　　　　　　　　　　　责任印制 / 施胜娟

太阳系

螺旋星云

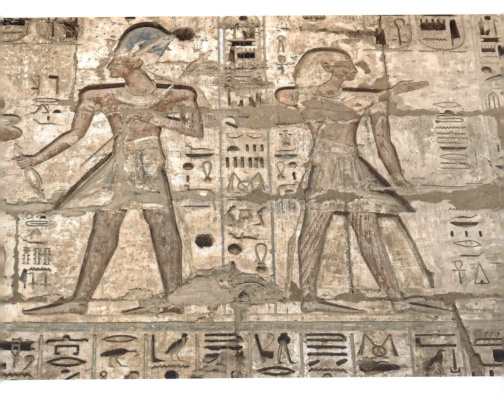

刻在神庙上的古埃及文字

文艺复兴时期宫殿的庭院

雅典卫城

亚历山大在伊苏斯的胜利

序言

我希望读者像阅读小说一样阅读这本《世界简史》。所以，书中省略了一些烦琐细碎的事件，最大限度地将历史叙述出来。此外，本书在写作的过程中也是力求简洁、清晰。读者应该能够从书中获得对历史的一个整体看法，从而为学习特定时期或特定国家的历史打下基础。另外，本书也可以作为读者阅读我另一本更为完整和详细的《世界史纲》的准备，但本书的主要目的是满足一些没有时间仔细研读《世界史纲》，却又希望能够将自己有关人类伟大冒险的模糊和不完整记忆变得清晰的读者。

本书是一部拥有全新立意和创作的历史书，不是《世界史纲》的摘要或缩写，因为《世界史纲》的写作目的决定了其本身是不能缩写的。

——[英]赫伯特·乔治·威尔斯

目 录 Contents

1. 空间中的世界 … 001

2. 时间中的世界 … 004

3. 生命的起源 … 007

4. 鱼类的时代 … 010

5. 石炭纪 … 014

6. 爬行动物的时代 … 018

7. 最早的鸟类和最早的哺乳动物 … 021

8. 哺乳动物的时代 … 024

9. 猴子、猿和亚人 … 027

10. 尼安德特人和罗德西亚人 … 031

11. 最早的智人 … 035

12. 原始的思想 … 039

13. 农耕的开始 … 043

14. 原始的新石器文明 … 047

15. 苏美尔文明、古埃及文明与文字 … 051

16. 原始的游牧民族 … 055

17. 最早的航海者 ··· 059

18. 埃及、巴比伦和亚述 ··· 063

19. 原始的雅利安人 ··· 069

20. 晚期的古巴比伦王国和大流士一世帝国 ··· 073

21. 犹太人的早期历史 ··· 077

22. 犹太的牧师与先知 ··· 082

23. 希腊人 ··· 086

24. 希波战争 ··· 091

25. 希腊的辉煌 ··· 095

26. 亚历山大帝国 ··· 098

27. 亚历山大城的博物馆和图书馆 ··· 102

28. 佛祖乔达摩的生平 ··· 106

29. 阿育王 ··· 110

30. 孔子和老子 ··· 112

31. 早期的罗马 ··· 116

32. 罗马和迦太基 ··· 120

33. 罗马帝国的崛起 ··· 124

34. 罗马和中国 ··· 132

35. 罗马帝国早期的平民生活 ··· 136

36. 罗马帝国的宗教发展 ··· 141

37. 耶稣的教海 ··· 146

38. 基督教的发展 … 151

39. 罗马帝国的分裂 … 154

40. 匈奴人和西罗马帝国的灭亡 … 158

41. 拜占庭帝国与萨珊王朝 … 163

42. 中国的隋唐时代 … 167

43. 穆罕默德和伊斯兰教 … 169

44. 阿拉伯世界的辉煌 … 172

45. 基督教国家的发展 … 175

46. 十字军东征和教皇的统治 … 181

47. 王室的反抗与教会大分裂 … 188

48. 蒙古人的征服 … 195

49. 欧洲学界的复兴 … 199

50. 拉丁教会的攻革 … 206

51. 查理五世 … 210

52. 政治实验的时代：欧洲的君主制、议会制和共和制 … 217

53. 欧洲人在亚洲和海外建立的新帝国 … 225

54. 美国独立战争 … 230

55. 法国大革命和君主复辟 … 234

56. 欧洲短暂的和平 … 241

57. 物质文明的发展 … 245

58. 工业革命 … 252

59. 现代政治与社会理念的发展 … 256

60. 美国的扩张 … 265

61. 德国在欧洲的崛起 … 272

62. 新的海外帝国 … 274

63. 日本的崛起 … 279

64. 1914年的大英帝国 … 283

65. 第一次世界大战 … 286

66. 俄国的革命与饥荒 … 290

67. 世界的政治重建与社会重建 … 294

年表 … 299

1. 空间中的世界

　　我们对自身所处世界的历史，至今仍然知之甚少。几百年前，人们只掌握了过去3 000余年的历史，至于更早之前发生的事情就不得不借助传说和猜测了。在大多数文明国度里，人们相信：世界是在公元前4004年被骤然创造出来的，至于是春天还是秋天，权威人士们也无法达成共识。这一精确的误解源于对希伯来《圣经》过于字面化的解读，以及武断的神学假设。如今，这些解读早已被宗教学者抛弃，人们普遍认为，我们赖以生存的这个世界上的一切，显然已经存在了极其漫长的时间，甚至没有尽头。当然，这一切可能存在假象，就像在一个房间的两端各放置一面镜子，会使得房间看起来仿佛没有尽头一样。可即使如此，认为我们赖以生存的世界只存在了六七千年的这一观点，无疑已经被彻底打破了。

　　现在我们都知道，地球是一个直径约8 000英里①、形状像橘子且略微有点扁的球体。大约2 500年前，至少有一部分学者知道地

---

① 1英里=1.609千米。——译者注

球是一个球体。但是，在更早之前，人们一直认为地球是平的，并就地球与天空、恒星和行星之间的关系提出了很多荒诞的观点。现在，我们知道地球每24小时围绕地轴（约比赤道直径短24英里）自转一周，形成日夜交替。同时，地球沿着略微弯曲并缓慢变化的椭圆轨道围绕太阳公转一周，即为一年。地球与太阳之间的距离最近时约为9 150万英里，最远时约为9 450万英里。

距离地球约24万英里处，有一个围绕着地球运行的小卫星——月球。但地球与月球不是仅有的围绕太阳运行的星球，在距离太阳约3 600万英里和6 700万英里的水星和金星也围绕着太阳运行，并且在地球和带状的小行星运行轨道之外，还有火星、木星、土星、天王星和海王星，它们跟太阳的距离分别为：1.41亿英里、4.83亿英里、8.86亿英里、17.82亿英里和17.93亿英里（此处的距日距离是以作者成书时公认的距离为准，并非现在所熟知的距日距离，为使数据更准确，文中保留了小数点后两位）。这些以百万英里为单位的数字，对于人们而言很难理解。所以，为了便于读者理解，可以把太阳和其他行星按照一定的比例缩小为一个模型。

假设地球是一个直径为1英寸①的小球，那么太阳就是一个直径为3.23码②的大球，两者相距约1 056英尺③，也就是1/5英里，这段距离步行需要四五分钟。而月球则是距离地球约2.5英尺的一粒小豌豆。在地球和太阳之间，还有两颗内行星——水星和金星，它们离太阳的距离分别为125码和250码。在这些天体周围是无尽头的空间，火星距离地球约175英尺；直径约为1英尺的木星在离地球约

---

① 1英寸 =2.54厘米。——译者注
② 1码 =0.914 4米。——译者注
③ 1英尺 =0.304 8米。——译者注

1英里的地方；土星略小，在2英里外；天王星在4英里外，而海王星在6英里外。再远的地方便是微乎其微的小颗粒和稀薄的气体。在这样的缩小比例计算下，距离地球最近的星体也远在4万英里之外。

这些数据也许能够帮助人们对浩瀚空间有一个粗略的概念。

在这个浩瀚空间里，我们所了解的生命是只限于生活在地球表面的生命。我们离地心有4 000英里，而生物则只深入地表不到3英里，高不过地表5英里的地方。显然，除此之外的空间是没有生命，了无生机的。

最深的海洋可深达5英里；飞机飞行的最高纪录也只是略高于4英里。虽然人类曾乘坐热气球上升到了7英里的高空，但却要为之承受极度的痛苦。没有鸟儿能够飞到5英里高的高空，即使人们用飞机带上小鸟和昆虫，可只要超过这一高度，它们就会失去知觉。

（由于本书的成书时间较早，所以书中出现的数据小于现在的数据，后同——译者注）

2. 时间中的世界

　　在过去的50年里，科学家对地球的年龄和起源已做出了许多有用且有趣的研究。在这里，我们无法概括地说清楚这些研究，因为其中包含了微妙的数学和物理学因素。事实上，现在的物理学和天文学的发展成果非常有限，有限到它们还不足以对某些事物做出超过猜测的研究。总的趋势是，科学家现在对地球年龄的预估倾向于越来越长。现在看来，地球作为一个围绕太阳独立运转的行星，可能在大约20亿年前就已经存在了。或许，存在的实际时间可能更久，久到无法想象。

　　太阳、地球，及其他绕太阳运行的行星在地球独立存在之前的漫长时间里，可能就已经是空间中一团由扩散性物质组成的巨大的旋涡了。如今，天文望远镜为我们展示了天空中不同方位的、发光的螺旋状物质围绕着一个中心旋转，这就是螺旋星云。很多天文学家认为，太阳及其行星在呈现现有的螺旋形态之前，它们是经过了极其漫长的时间和无数次的凝结，这才得以在20亿年以前，分辨出地球和月球。那时，它们自转的速度比现在快得多，它们距离太阳也更近，公转速度亦更快，并且它们的表面呈现出熔化的状态。太阳自身就是天空中的一颗大火球。

如果我们能够回到无限遥远的过去，看一看原始的地球，那我们看到的场景将和现在完全不同，因为那时的地球更像是燃烧壁炉的内部，或是还没有冷却凝固之前的熔浆的表面。我们不会看到水，因为所有的水都还存在于氧化物和金属构成的蒸气中。在此之下，是充满熔岩石物质的海洋。在一片火红的云层中，太阳和月球的光芒步履匆忙，就像一闪而过的火焰。

数百万年的时光流逝，使得这一炽热的球体逐渐冷却。蒸汽形成了雨，降落下来；天空中的气体变得稀薄；巨大的岩石块在熔岩之海里浮浮沉沉，逐渐被其他的漂浮物所取代；太阳和月球距离地球更加遥远，并且体积变得越来越小，甚至连运行速度也越来越慢。由于体积变小，月球温度大幅降低，并交替进行太阳光的遮挡和反射，从而出现了日食和满月。

在漫长的时间长河里，地球以极其缓慢的速度变化，变成了如今我们看到的样子。最终，一个新纪元到来了。水蒸气在冷空气中凝结成云，第一场雨落在了最初的岩石上。在此后的无数年中，地球上的大部分水还是以水蒸气的形式存在于空气中，但那时已经有滚烫的水流向逐渐凝固的岩石，并带着岩屑和沉淀物汇入泥沼和湖泊。

最终，一个时期出现了，人类可以靠地球上的一切来实现繁衍生息。如果我们能够参观那时的地球，我们一定会站在狂风暴雨下的一大片岩浆石上，周围是没有土壤和植被的不毛之地。狂风掀起热浪，其迅猛程度超过了最强劲的龙卷风。前所未见的暴雨或许会向我们袭来。泥泞的雨水卷着碎石从我们身边流过，汇聚成为激流，冲向幽深的峡谷，并将沉积物带入早期的大海。透过云层，我们可以看见一轮巨日划过天空，随着日月交替，地震和动乱紧随其后。如今以固定的一面朝向地球的月球，那时一定也是很明显地自转着，并且展示出它如今隐藏起来的冷酷一面。

数百万年过去了，地球的年龄越来越长。太阳开始变得温和，且与地球渐行渐远；月球在空中的运行速度变慢了；暴风雨的强度减弱了，早期海洋中的水不断增多，汇聚流向从此一直包裹着地球的外衣——海洋中。

然而，那时的地球上仍然没有生命，海洋中也没有，岩石上亦是寸草不生。

3. 生命的起源

　　如今，众所周知，我们对人类出现之前的生命认知，是源于在层状岩中留下来的生物印记和生物化石。我们在页岩、板岩、石灰岩和砂岩中发现了保留下来的骨头、贝壳、纤维、茎、果实、足印和划痕等，以及最早的潮汐留下的波纹和最早的降雨造成的凹痕。正是通过对这些"岩石记录"一丝不苟的研究，我们才得以发现地球生命的历史。如今，这些已是人尽皆知。层状岩并非一层一层地整齐排列着，它们被折叠、扭曲、变形，就像屡遭洗劫焚毁的图书馆中的书页那样零乱。经过许多人的毕生研究，这些记录才得到整理和阅读。如今的"岩石记录"所代表的时间大约为16亿年。

　　记录中最早的岩石被地质学家称为无生代岩石，因为它们没有显示出任何生命痕迹。北美有许多裸露着的无生代岩石，地质学家通过它们的厚度推断出它们至少代表了16亿年的完整地质记录中的一半的时间。我重复一遍这一事实的重大意义：自从陆地和海洋相互分离以来，这漫长的时间中有一半的时间地球上是没有留下生命迹象的，尽管这些无生代岩石中有着涟漪和雨水的痕迹。

我们沿着记录继续追寻，生命迹象不仅出现了，而且增多了。地质学家把生命迹象被发现的这段时期称为古生代早期。生命活动的最初迹象是相对简单和低等的生物留下来的遗迹，比如小型贝类的贝壳，植虫类的茎和花状头部，海藻，以及海虫和甲壳类动物的遗迹和足迹。很早便出现了像木虱一样的爬行生物——三叶虫，它们能像木虱一样把身体蜷曲成球形。几百万年后，又出现了一种海蝎，它们相较于之前出现的生物更加灵活、强大。

这些生物的体型都不是很大。其中，最大的海蝎也不过九英尺长。在这一时期的记录中，没有任何陆地生物的痕迹，无论是植物还是动物；也没有鱼类，或脊椎动物。这个时期留下来的生物痕迹，基本上是生活在潜水和潮汐间的生物。如果我们想要知道那时的生物模样，那么可以从潮水潭或水沟里取一滴水放在显微镜下进行观察。如果不考虑体积的话，我们发现的那些甲壳类动物、小贝壳、植虫类和海藻类等生物，就如同那些曾是生物霸主的又笨重又庞大的古代生物的缩影。

然而，值得注意的是古生代早期的岩石也许完全无法代表地球最早的生命起源。除非一种生物拥有骨头或其他坚硬的部位，除非它拥有贝壳或重量大到可以在泥土中留下足印和痕迹，否则它很难留下能够证明自己在地球上存在过的任何化石痕迹。就像如今在我们的世界里，仍然存在成千上万种的小型软体动物，它们将来也不会留下任何痕迹来供后世的地质学家发现。所以，在过去也许曾经有无数这样的生物生存、繁殖、活跃，最后不留痕迹地消亡。在所谓无生代时期的温暖的浅湖中可能存在过无数种类似水母状的无壳无骨的低等生物，以及散布在阳光照耀下的潮间带和沙滩上的多种绿色低等植物。岩石不能完整地将过去的生命记录下来，就像银行账本无法记录周围所有居民的存在一样。只有当一个物种开始分泌进化外壳、骨针、甲壳或坚硬的茎的时候，才能为后世留下一些蛛丝马迹，才会出现在历史记录里。然而，在比化石更古老的岩石中，有时也会发现一种单质碳——石墨。一些专家认为，这些单质碳可能就是通过某种未知生物的自身生命活动而从化合物中分离出来的。

4. 鱼类的时代

在人类文明的早期，人们以为各种植物和动物都已经是固定不变的了，每一个物种都被创造成了它们现在的样子。随着人们逐渐发现和研究岩石的记录，这种观点被怀疑所取代。人们怀疑许多物种在漫长的时间中发生了变化和发展，这一观点发展成了生物进化论。生物进化论认为，地球上的所有物种，无论是动物还是植物，都是由一些非常简单的、几乎没有结构的原始生命形式在没有生命的海洋里经过漫长而连续的过程演变而来的。

生物进化论的问题和地球的年龄问题一样，在过去曾是一个饱受争议的话题。曾有一段时期，因为某些莫名的原因，有的人认为相信生物进化论就是违背了正统的基督教、犹太教和伊斯兰教义。那个时期已经结束了，最正统的天主教、新教、犹太教和伊斯兰教信徒如今也能自由地接受这一有关所有生命的共同起源的开放的新观点。似乎没有一种生命是忽然降临在地球上的。生命在过去和现在一直在进化中。斗转星移，在迷失想象力的时间深渊中，生命从海水的搅动中向着自由、力量与自主意识发展。

生命是由个体组成的，这些个体是确定的事物，它们不是一堆非生命物质的集合，甚至不是无限静止的结晶体，它们拥有所有非生命物质都不具有的两个特点：它们能够吸收其他物质，把它们化为自身的一部分；它们可以进行繁殖，能产生与自身很像，但又总是有不同之处的新个体。一个个体与它的后代之间存在着特殊的家族共性，并且每一个亲本和它的后代之间都有独特的不同之处。这些特点存在于每一个物种的每一个生命阶段。

现在，科学家们无法解释后代为何应该与亲代相似或有所不同。人们观察到，后代并非立即表现出与亲代的性状相似或不同，如果一个物种的生存条件发生改变，那么这个物种将经历相关的变化，这与其说是科学知识，不如说是常识。因为在这个物种的任何一代里，一定会出现这样的情况：部分个体的差异性令它们更加适应新的生存环境，当然也会有部分个体的差异性令它们更难生存下去。整体而言前者将比后者生存得更久，诞生更多后代，更有效地繁衍生息，因此经过一代又一代之后，平均来看这一物种将向有利的方向改变。这一过程被称作"自然选择"，与其说是科学理论，不如说是由繁殖和个体差异性推理出的结论。改变、毁灭和保存物种的力量也许有很多种，这些力量或许是科学界仍然未知的或不确定的，但是否认生命是从最初开始就进行着自然选择的人，要么是缺乏生命的基本常识，要么无法正常思考。

很多科学家曾推测过生命的起源，他们的推测十分有趣。然而对于生命的起源，绝对不存在确定的知识，也还没有令人信服的猜测。不过，几乎所有的专家都认同生命很可能起源于阳光照射下的温暖的浅海中的泥土或沙子中，之后沿着沙滩蔓延到潮间带并进入外海。

早期的大海中充满了强劲的潮汐潮流，生存条件恶劣。个体生命不断经历着毁灭，不是被冲上岸边干涸而死，就是被卷入海底失去空气和阳光而死。早期的外界环境有利于生物向着生根并自我固定或者形成外壳的方向发展，从而保护个体不至于立即遭遇毁灭。从最早期开始，任何对味觉的敏感性的倾向会将个体引向食物，任何对光的敏感性会帮助个体冲出黑暗的深海、洞穴或者回避危险的浅海中的强光。

　　早期生物形成的贝壳和外壳很可能是为了抵抗干燥而不是防御活的敌人，然而牙齿和爪子很早便在地球生物历史中出现了。

　　我们已经注意到了早期水蝎的尺寸。这些生物在漫长的时间里曾是生命的最高主宰。很多地质学家认为在五亿年前的志留纪古生代岩石中，出现了一种新的生物，它拥有整体力量更为强大的眼睛、牙齿和游泳能力。这是人类发现的最早的脊椎动物，最早的鱼类。

　　这些鱼类在下一时期的岩石——泥盆系岩石中大幅增加。它们的分布之广泛使得这一时期的岩石记录被称为鱼类的年代。某种模式的鱼类从地球上消失了，与现在的鲨鱼和鲟鱼同属一类的鱼类在水里冲刺，跃入空中，进食海草，相互追逐捕食，为水下世界注入了新的活力。以今天的标准来看，这些鱼类的体型都不是很大，很少超过两三英尺长，但其中也有长达20英尺的例外。

　　关于这些鱼类的祖先，地质学一无所获。它们似乎与之前存在的品种没有亲缘关系。通过研究这些鱼类现存后代的鱼卵以及通过其他的一些途径，动物学家对于它们的血统提出了一个有趣的观点。他们认为这些脊椎动物的祖先是软体动物，并且可能是体型很小的水生动物。首先它们开始在嘴部发展出坚硬的牙齿。鳐科或角鲨的牙齿覆盖着口腔的上下两侧，通过嘴唇与几乎覆盖全身的齿状扁平鱼鳞相连。在地质记录中我们发现，随着鱼类发展出这些齿状鱼鳞，它们得以游出黑暗的藏身地，从而得见天日，成为有史以来最早的脊椎动物。

5. 石炭纪

在鱼类的时代，大地上一片荒芜。悬崖峭壁上只有光秃秃的岩石经受着日晒和雨淋。没有真正意义上的土壤——因为还没有蚯蚓帮忙制造土壤，没有植物打碎岩石颗粒形成泥土；没有苔藓和地衣的痕迹。生命仍然只存在于海里。

在这片不毛之地上，气候发生了极大的改变。导致气候变化的原因十分复杂，我们仍然无法做出正确的推断。地球轨道的形状变化、自转轴的渐变、大陆形状的改变、甚至可能还有太阳温度的波动，这些因素的共同作用，使得地球表面的大部分地区进入漫长的冰川时期，如今又给地球带来了持续几百万年的温和气候。历史上有过几次剧烈的地壳运动时期，地球几百万年来累积的上冲力引起火山爆发和板块隆起，重新界定了山脉和大陆的边界，海平面上升，山的高度增加，并加剧了气候的极端变化。接下来则是漫长的相对平静的时期，霜冻、雨水和河流消解了山的高度，这些水带着大量的淤泥汇入大海，抬高了海底并使海水扩散，覆盖了越来越多的陆地，海洋变得越来越浅，越来越广阔。历史上曾出现过

"山高海深"的时期，也有过"地形平坦"的时期。请读者们不要以为随着地壳变得坚固，地球表面的温度就一直在稳定下降。当温度下降到一定程度时，地球内部的温度便不再影响其表面的温度。我们发现了大量冰雪存在的痕迹，即使在无生代时期也有过"冰川时代"。

直到鱼类的时代末期，在一片广阔的浅海和咸水湖的时期，生命才有效地从水中向陆地转移。毫无疑问，如今大量出现的一些生物的早期形态已经以稀少的数量、罕见的方式默默无闻地生存了几百万年。现在，它们的机会来了。

在对土地的入侵中，植物无疑比动物更早占领了陆地，不过动物很可能紧随其后。当流水退去之后，植物需要解决的第一个问题是如何获得坚硬的支撑来让叶片朝向阳光；第二个问题就是如何从潮湿的地下获取水分并输送到植物的组织里。木质组织的形成解决了这两个问题，它既能为植物提供支撑，又能把水分输送到叶片。在岩石记录中突然充满了多种木质沼泽植物，其中很多植物体积庞大，例如大型树苔、树蕨、巨型马尾草等。伴随着这些植物一代又一代的生长，终于有大量不同种类的动物从水中爬上岸边。有蜈蚣和千足虫，最早的原始昆虫，与古代皇帝蟹和海蝎有血缘关系的生物成了早期的蜘蛛和陆地上的蝎子，这时出现了脊椎动物。

一些早期的昆虫体型很大。这一时期的蜻蜓有的翅膀长达29英寸。

这些新物种以不同的方式适应了呼吸空气。在此之前，所有动物一直在呼吸水中溶解的空气，这种需求仍将是所有生物必须的。所以动物王国的成员们以不同的方式获得了提供自身所需要的水分的能力。完全干燥的肺部会使人窒息。人的肺部表面必须是湿润的，空气才能穿过肺部进入血液。所有生物对陆地呼吸的适应，要么通过在原本的鳃上进化出覆盖物来阻止水分蒸发，要么通过在体内进化出管状或其他新的呼吸器官，并用液体分泌物进行润滑。作为脊椎动物祖先的鱼类，它们原来赖以呼吸的鳃在陆地上是无法发挥作用的，在动物王国的这种划分中，它们的鱼鳔进化成了新的体内呼吸器官——肺。像青蛙和蝾螈这样的两栖动物，一开始在水下用鳃呼吸，然后它们像很多鱼类有鳔那样，在喉咙初长出了一个袋状器官进行呼吸，于是它们上岸了，鳃部缩小，最终鳃裂消失（唯一的例外是一条鳃裂的副产物成为耳朵和鼓膜的通道）。这时的动物只能在空气中生存，但它必须回到水边产卵和繁殖。

在这个沼泽与植物的年代，所有的陆生脊椎动物都属于两栖纲。它们基本都和现在的蝾螈有着血缘关系，其中有一些长到了很大的尺寸。它们虽然是陆生动物，却需要生活在潮湿的沼泽周围。这一时期的所有大型树木也具有水陆两栖的习性。它们都还没有进化出可以落在地面上、仅靠雨露的滋润便可生长发育的果实和种子。它们的孢子只有洒在水中才能发芽。

比较解剖学的最美妙的研究方向之一就是追溯生命从空气中获得生存必需品的这一复杂而奇妙的过程。无论植物还是动物，所有生命从根本上都是由水组成的。例如比鱼类更高级的脊椎动物，包括人类，在还是卵或胎儿的时期都曾拥有鳃裂，鳃裂在幼体出生之前便会消失。鱼类泡在水中的赤裸的眼睛在高等生命中受到眼睑的保护，泪腺分泌的液体也能防止眼部干燥。由于声音在空气中的振动更微弱，导致了鼓膜的产生。在几乎所有的身体器官中都产生了类似的适应性，生命进行自我修正以适应陆地上的环境。

石炭纪是两栖动物的时代，这个时代的生命存在于沼泽、咸水湖以及这些水域之间的浅滩上。于是生命的范围扩大了。山丘和高地仍然了无生机。生命虽然学会了呼吸空气，但植物的根仍然扎在原生的水域里，动物仍然需要回到水边繁衍后代。

6. 爬行动物的时代

　　在石炭纪的繁荣之后，地球迎来了漫长的干旱期。这段时期在岩石记录中表现为厚厚的砂岩沉淀物，化石相对较少。气温波动幅度大，寒冷的冰河期持续了很长时间。很多地区原先生长的沼泽植被不复往日的茂盛，它们被新产生的沉淀物覆盖着，开始了压缩和矿化，从而形成了当今世界的大部分煤矿。

　　然而生命正是在变化中才会经历最迅速的调整，在困难中才会得到最好的教训。随着气候再次变得温暖和湿润，一些新的动物和植物的品种出现了。我们在记录中发现了一些卵生脊椎动物的遗骸，它们的卵不像蝌蚪那样需要在水中生活一段时间，而是在孵化前就经历了一段发育期，因此幼体从出生时便可像成年体一样在陆地上生活。它们的鳃已经彻底消失了，鳃裂只存在于胚胎时期。

　　这些不经历蝌蚪期的新物种就是爬行动物。与此同时，一些带有种子的树木形成了，它们不需要依赖沼泽和湖泊，可以自行散播种子。这时已出现了掌状的苏铁属植物和许多热带针叶树，尽管还没有出现开花的植物。蕨类的数量庞大，昆虫的种类也增多了。虽然还没有蜜蜂和蝴蝶，但已出现了甲壳虫。崭新的陆生动物群和植物群的所有基本形态已经在漫长的恶劣气候中形成了。新的陆生生命需要的只是适宜的环境，便可生生不息。

经历了大量的起伏之后，平静的时期终于到来了。至今无法预测的地壳运动，地球轨道的变化，轨道和极点之间倾角的增减，这些因素的共同作用产生了广泛的温暖气候。现在我们认为这一时期持续了2亿年。为了与此前更加漫长的古生代和无生代（共持续了14亿年）以及此后的新生代区分开来，我们称这段时期为中生代。由于爬行动物占据了惊人的主导地位并且种类繁多，我们也称之为爬行动物的时代。中生代大约在3 000万年前结束。

当今世界的爬行动物种类相对较少，分布范围也十分有限。但毕竟它们的种类比石炭纪时期统治世界的两栖动物的幸存者的数量更多。现存的爬行动物包括蛇类、海龟和乌龟（龟鳖目）、短吻鳄和鳄鱼，以及蜥蜴。这些动物毫无例外都需要常年生活在温暖的环境下。它们无法忍受寒冷，中生代的其他爬行动物很可能也有着这样的局限性。这一时期的动物是生活在温室植物群中的温室动物群。它们无法忍耐霜冻。然而与之前的生命全盛时期的泥沼动植物群不同，它们至少是真正的陆生动植物群。

如今我们认识的所有种类的爬行动物，在当时的种类数量都更多，除了大型的海龟和乌龟、大鳄鱼、大量的蜥蜴和蛇，还有很多如今已从地球上消失的奇妙的生物。恐龙的种类很多。芦苇和蕨类等植被覆盖了低海拔地区。丰富的草料吸引了大量的食草蜥蜴，随着中生代进入全盛时期，它们的体型也随之增大。其中一些的体积超越了其他所有陆生动物，它们和鲸鱼一样大。例如，卡内基梁龙从吻部到尾巴长达84英尺；巨太龙甚至更大，长达100英尺。在它们之间还生存着一群体型不相上下的肉食性恐龙。其中，暴龙作为凶猛的爬行动物的代表多次出现在各类书籍中。

这些大型动物在郁郁葱葱的中生代丛林中觅食和捕猎。与此同时，另有一群进化出了蝙蝠似的前肢的爬行动物，它们捕食昆虫，并以彼此为食，如今它们已经消失了。早期它们在跳跃中捕食，后来发展为从高空向下跳，最终在丛林的枝叶间飞行。它们就是翼手龙，是最早的有脊椎的飞行动物。它们为脊椎动物的繁荣取得了新的成果。

此外，一部分爬行动物回到了海洋中。沧龙、蛇颈龙、鱼龙等大型水生动物攻占了它们的祖先曾经生存过的海洋。其中某些动物的体积接近现在的鲸鱼。鱼龙似乎主要生活在海中，但沧龙在当代并没有同类。它们的身体结实，并长有巨大的鳍，可能用于游泳，也可能用于在沼泽或浅水底部爬行。相对较小的头部长在比天鹅颈更长的脖子上。沧龙要么像天鹅那样一边在水上游泳一边寻找水下的食物，要么潜入水下捕食经过的鱼和其他动物。

这些便是中生代主要的陆生动物。以人类的标准来看，它们相对于以往的生物而言是一种进步。这一时代的陆生动物体型更大，种类更多，力量更强，行为更复杂，比之前的生物更有"活力"。海洋生物虽然没有这样的进步，但也出现了大量的新的生命形式。浅海中出现了一种巨大的像乌贼的生物——菊石。它有硬壳，大部分身体呈蜷曲状。它们的祖先在古生代便已存在，但中生代才是它们的繁荣时期。菊石现已灭绝，与它们血缘最近的是生活在热带水域中的鹦鹉螺。一种新出现的产量更高的鱼类用轻巧精致的鱼鳞取代了盘状和齿状的覆盖物。从此，它们成了海洋与河流的主宰者。

7. 最早的鸟类和最早的哺乳动物

在上述段落里，我们描绘了生命的第一个繁荣时期——中生代的植被和爬行动物。在那个时期，恐龙在热带雨林和沼泽遍布的平原上横行霸道；翼手龙一边拍打着翅膀高声鸣叫，一边在灌木和树林间捕食着嗡嗡作响的昆虫。与此同时，在这片繁荣的角落里，一群不起眼的数量稀少的生物正在获得力量并提高耐力。当太阳与地球的馈赠开始慢慢减少时，这些力量与耐力成为物种延续的至关重要的条件。

在生存竞争和天敌的追赶下，一群小型的跳跃类恐龙要么濒临灭绝，要么适应了高山或海边的寒冷环境。这些不幸的族群发展出了一种新型的鳞——这些鳞延长至翎毛状，成为羽毛的雏形。翎毛状的鳞相互重叠，形成了比以往的爬行动物身上的覆盖物更有效的保温层。于是它们可以进入过去无法居住的寒冷地区。伴随着这些变化，这些生物更加担心起了自己的蛋。大多数爬行动物对自己的蛋漠不关心，任由它们在阳光下自然孵化。然而这个新物种里的某些分支形成了保护自己的蛋，并用体温进行孵化的习性。

伴随着对寒冷的适应力，这些原始鸟类的内部构造也发生了变化，它们成了不受外界温度影响的恒温动物。早期的鸟类是以鱼类为食的海鸟，它们的前肢不是翅膀，而是像企鹅一样呈鳍状。新西兰几维鸟有着非常简单的羽毛，既不能飞，也不像是飞行动物的后代。在鸟类的发展中，是先有的羽毛，后有的翅膀。一旦有了羽毛，那么羽毛的伸展将不可避免地引向翅膀的发育。我们发现了一种鸟类的化石，它有着爬行动物的牙齿和长长的尾巴，也拥有真正的翅膀。它能飞，也能在中生代的翼手龙之间生存下来。尽管如此，鸟类的种类和数量在中生代时期都较为稀少。如果一个人回到了中生代，也许他跋涉数日都见不到一只鸟儿，也听不到一声鸟鸣，但他会在蕨叶和芦苇间看到大量的翼手龙和昆虫。

还有一类生物也是他无法看到的，那就是哺乳动物。最早的哺乳动物的出现可能比鸟类早了几百万年，但它们全都太小、太不起眼，藏在难以发现的偏僻角落。

早期的哺乳动物和早期的鸟类一样，是在生存竞争和躲避天敌的驱使下开始适应艰辛与寒冷的生活。它们的鳞也进化成翎毛，成了保持体温的覆盖物。虽然在细节上与鸟类不同，但它们也经历了内部构造的变化，成为不受外界温度影响的恒温动物。它们进化出了毛而非羽毛，它们不是在孵化的过程中保护后代，而是让后代在体内发育至接近成熟。它们之中的大部分进化成了胎生动物，直接诞下后代。在后代出生之后，仍然继续保护和哺育后代。大部分哺乳动物有乳汁，可以进行哺乳。现存的哺乳动物之中有两种仍然产蛋，并且没有乳汁，它们用皮下的分泌物哺育后代。这两种动物就是鸭嘴兽和针鼹鼠。针鼹鼠产下外壳坚硬的蛋后就会把蛋放入肚子下方的育儿袋，这些蛋在孵化之前会一直待在温暖安全的育儿袋中。

穿越到中生代的人寻觅数日才能发现一只鸟，同样地，除非知道精确的地点，否则也很可能找不到任何哺乳动物的痕迹。在中生代，鸟类和哺乳动物都是不起眼的异类。

据推测，爬行动物的时代持续了8 000万年。如果有类人的智慧生命在这段漫长的时光里一直在观察着那个世界，那么这片阳光灿烂的繁荣景象看起来多么安定和永恒，恐龙和蜥蜴的繁盛是多么的稳定！随后，宇宙神秘的节奏和积聚的力量开始打破这看似永恒的稳定。生命的运气耗尽了。日复一日年复一年，伴随着停滞与倒退，变化降临了。环境变得恶劣和极端，海平面和地形发生改变。在漫长而又繁荣的中生代，环境的变化保持着稳定，我们在这段时期的岩石记录里发现的是生命形式的剧烈波动和新物种的出现。在濒临灭绝的威胁下，旧的物种展现了极致的变化与适应能力。例如，中生代晚期的菊石展现出几种不同的奇妙形状。在稳定的环境里没有产生新品种的动力，生命不进化，新品种的出现受到抑制，现存的生命形式已经是最适宜的。而在极端的环境下，普通品种遭遇危机，新品种却更有可能幸存和立足。

随后岩石记录里出现了数百万年的断层，生命历史的框架蒙上了一层薄纱。当薄纱被掀起时，爬行动物的时代已经结束了。恐龙、蛇颈龙、鱼龙、翼手龙和菊石的无数变种已彻底消失。杀死它们的是严寒。它们最终的改变都不够彻底，不足以适应生存环境，世界的剧变超越了它们的承受能力，中生代生物遭受了一场缓慢而彻底的大屠杀。我们看到了一幅新的景色，新生的更坚强的植物群和动物群占领了世界。

在这片惨淡的景色里，生命开始了新的篇章。苏铁属植物和热带针叶树大多被落叶树、开花植物和灌木取代。过去爬行动物大量出没的地方出现了越来越多的鸟类和哺乳动物。

8. 哺乳动物的时代

　　新生代开启了地球生命的下一个伟大的新篇章。这是一个充满了剧变和极端的火山活动的时代。阿尔卑斯山、喜马拉雅山、落基山脉和安第斯山脉耸立起来，当今的海洋与陆地的轮廓大致出现了。世界地图开始显示出与现在的世界地图的些许相似性。新生代的起始距今已有4 000万~8 000万年。

　　在新生代的起始阶段，地球的气候严峻，然后逐渐变暖，直至达到新的繁盛时期。在此之后环境又变得恶劣，地球进入了一系列的极寒时期——冰川时代。如今我们正在从冰川时代里缓慢地脱出。

　　然而，那时我们对气候变化原因的了解并不充分，无法预测未来可能的气候波动。我们可能正在接近阳光更充沛的时期，也可能正在进入另一个冰川时代。火山活动和山脉隆起可能增多，也可能减少。由于缺乏充分的科学依据，我们无从得知。

　　这一阶段的起始时期出现了草，世界上第一次出现草地。随着曾经默默无闻的哺乳动物的发展，一群有趣的植食性动物和以它们为食的肉食性动物出现了。

一开始，这些动物与此前曾经大量存在而后灭绝的植食性和肉食性爬行动物相比只有些许不同之处。一个粗心的观察者可能会以为这第二次温暖繁荣的时期不过是在重复第一次的情况：植食性和肉食性的哺乳动物就像植食性和肉食性的恐龙，鸟类取代了翼手龙，诸如此类。然而这种比较是肤浅的。宇宙的变化是无休无止的，宇宙永恒地进化着，历史从不自我重复，没有绝对的相同。新生代与中生代的生命的不同之处比它们的相似之处更显著。

在这些不同之处里，最基本的就是两个时期的精神生活的不同。这种精神生活主要从亲代与后代的持续接触中产生，并把哺乳动物和鸟类的生活与爬行动物的生活区别开。除了极少数特例，爬行动物产下蛋之后便会离开，让蛋自行孵化。小爬行动物不知道自己的父母是谁，它的精神生活仅限于自身的经历。它能够忍受同类的存在，但并不与它们交流。它从不模仿同类的行为，也不向它们学习，并且无法与同类合作。它的一生是孤立的一生。然而哺乳动物和鸟类特有的哺乳和抚养行为带来了新的可能性，例如通过模仿进行学习，用警告性的叫喊和其他协同动作进行交流，相互控制和下达指示。一种可习得的生活方式出现了。

新生代最早的哺乳动物的大脑比更活跃的食肉恐龙大不了多少。然而当我们继续浏览通往现代的记录时，我们发现每一群和每一种哺乳动物的脑容量都在稳定地增长。例如，我们在相对较早的时期发现了像犀牛的动物，即生活在新生代最早期的巨雷兽。它们在习性和需求上都与现代的犀牛很相似，但它们的脑容量不及犀牛的1/10。

最早的哺乳动物可能在哺乳期结束时便与后代分开，然而当相互理解的能力出现后，延续亲子关系的优势便十分显著了。现在我们发现数种哺乳动物展示出真正的社群生活的萌芽，它们成群行动，相互照看，互相模仿，从对方的行为和叫喊中获得警告。在脊椎动物中这是前所未见的。爬行动物和鱼类无疑会成群出现，它们被成群孵化，相似的环境让它们聚在一起。然而群居的哺乳动物之间的联系不只是由外界力量产生的，而且受到内在驱动力的维持。它们不仅因为彼此相像而在同一时间出现在同一地点，而且更是因为喜欢彼此而在一起。

爬行动物的世界与人类的精神世界之间的差异似乎是我们不能理解的。我们不能理解爬行动物简单的本能动机——它们的食欲、恐惧和仇恨。我们无法理解它们的简单，因为我们的所有动机都是复杂的。我们的动机是平衡的结果，而非简单的冲动。哺乳动物和鸟类拥有自律的能力，并且能为其他个体着想，它们像我们一样拥有社会诉求和自制力，只不过程度更低。因此我们能与各种哺乳动物和鸟类建立关系。当它们经历痛苦时，它们发出的惨叫和做出的举动会激发我们的感情。我们能把它们变成可以互相识别和理解的宠物。它们能被驯服和训练成有自制力的家养动物。

新生代的主要事件是大脑的非凡发展，这标志着个体间新的交流与依赖，预示着我们很快将要讲到人类社会的发展。

随着新生代的发展，植物群与动物群越来越接近今天的模样。恐角兽、巨雷兽、古猪类、跑犀科等无与伦比的笨重的大型动物消失了。另一方面，这些笨拙、怪异的先祖一步步进化成为今天的长颈鹿、骆驼、马、大象、鹿、狗、狮子和老虎。马的进化在地质纪录里尤为清晰，包括从新生代早期的小型貘状始祖开始的较完整的一系列形式。另一条比较准确的进化线是美洲驼和骆驼的进化线。

$9.$ 猴子、猿和亚人

　　自然学家把哺乳纲分为几个目。其中之首当属灵长目，包括狐猴、猴子、猿和人。这一分类最初是基于生理上的相似，没有考虑精神特点。

　　如今，灵长目的历史在地理记录中是很难解析的。其中的大部分动物像狐猴和猴子那样生活在森林中，或者和狒狒一样生活在贫瘠的岩石地带。它们的遗体很少被水淹没或被沉积物覆盖，大部分灵长目的数量不多，因此它们的化石不像马和骆驼的祖先的化石那样数量众多。然而我们知道，在新生代早期约四千万年前出现了原始猴和类狐猴动物，它们的大脑不发达，不像后代那样特点鲜明。

　　新生代中期世界的夏天终于结束了，地球再度进入冰期。在此之前还有另外两个漫长的夏天，分别发生在石炭纪和爬行动物的时代。世界变冷，回暖，然后再次变冷。在过去的温暖时期，河马在茂盛的亚热带植被间打滚，拥有着利剑般牙齿的庞大的老虎——剑齿虎曾经捕猎的地方如今成为弗利特街记者们的往返之地。之后的时代越来越荒凉。很多物种灭绝了。适应了寒冷气候的长毛犀牛、大象的长毛远亲猛犸象、北极麝牛和驯鹿曾在此期间生活过。在随后的几个世纪中，象征着酷寒和死亡的北极冰冠逐渐南移，几乎抵达英国的泰晤士河和美国的俄亥俄州。曾有过几千年的回暖期，之后则是更加剧烈的寒冷。

地理学家把这段严寒期分为4次冰川期，并把其中的间隔期称为间冰期。如今我们生活的世界仍然受这段严寒期的影响而贫困潦倒，伤痕累累。第一次冰川期降临在60万年前，第四次冰川期在5万年前达到鼎盛。正是在这场世界范围的漫长寒冬里，最早的类人出现了。

新生代中期已出现了几种具有类人的下巴和腿骨等特征的猿，然而只有接近冰川期才能发现可称作"类人"的生物的痕迹。这些痕迹不是遗骨，而是器具。我们在欧洲这段时期（50万~100万年之间）的沉积物里发现了被刻意凿磨过的燧石和石块，一些巧手的生物用这些石块锋利的边缘进行捶打、刮擦和战斗。这些石块被称作"原始石器"（黎明石）。在欧洲我们没有发现制造这些工具的生物的遗骨或其他遗骸，只发现了工具本身。根据已知的情况，我们推测这种生物可能根本不是人类，而是聪明的猴子。不过，在爪哇岛的特里尼尔，我们在这一时期的沉积物里发现了一种猿人的颅骨、牙齿和骨头，它的颅骨比现存猿类的颅骨更大，并且可能直立行走。这种生物被称为爪哇直立猿人，它的一小堆遗骨为我们想象和探寻原始石器的制造者提供了仅有的帮助。

直到我们挖掘到存在了25万年的沙时，才在其中发现了亚人的其他遗骸。然而工具却有很多，顺着记录看下去便会发现工具的数量在稳定增长。这些工具不再是粗糙的原始石器，而是带有一定制作技巧的像模像样的工具。并且它们比后来真正的人类制作的类似的工具大很多。随后在海德堡的一个沙坑里发现了一块类人的颚骨，这是一块粗糙的颚骨，没有下巴，比人类的颚骨更重也更窄，因此这种生物的舌头不大可能活动自如或用于说话。科学家从颌骨的强度推测出这种生物体重大，外表与人相似，可能拥有巨大的四肢和手，身上可能覆盖着厚厚的毛发，并将其命名为海德堡人。

我认为这块颚骨是对人类的好奇心的最大的折磨。看着它就像是透过一面破碎的玻璃看向过去，只能看到一个模糊的撩人的影子蹒跚地走在荒凉的野外，爬上高处躲避剑齿虎，在森林里观察着长毛犀牛。在我们能够仔细观察它之前，这个怪物便消失了。土地里却堆满了他们凿刻的坚不可摧的工具。

在苏塞克斯郡皮尔丹的矿层里我们发现了一种更奇妙的生物的遗骸，可能存在于10万~15万年前，一些专家认为它们可能比海德堡人的颌骨更古老。这些亚人的头骨残骸比现存猿类的头骨更大，还有一块像黑猩猩的颚骨，但不确定它是否属于头骨的一部分。此外，还有一块显然被精心打造的蝙蝠形的象骨，上面有一个钻孔。还有一根鹿的股骨，上面有疑似用于计数的刻痕。这些便是全部。

这种会在骨头上钻孔的生物究竟是什么？

科学家将其命名为道森曙人。他和他的亲族们——海德堡人和猿类相比十分不同。我们没有发现类似的遗迹。然而此后十万年间的砾石和矿层中的燧石等器具越来越多了。并且这些器具不再是粗糙的"原始工具"。考古学家目前已经能辨认出刮刀、钻孔器、刀、飞镖、抛石和手斧。

我们离人类已经很近了。在下一部分中，我们必须描述一下所有人类先驱中最奇特的一种——尼安德特人。他们几乎是但又不完全是真正的人。

需要澄清的是，科学家认为这些生物——海德堡人或道森曙人都不是今天人类的直系祖先，他们最多只是与人类有血缘关系。

10. 尼安德特人和罗德西亚人

　　大约在5万~6万年前，第四次冰川期的严寒达到顶峰之前，地球上曾经生活着一种生物。它们与人类十分相似，直到几年前科学家仍把它们当作人类。我们找到了它们的头骨和遗骸，以及大量它们制造和使用的器具。这种生物可以生火，在洞穴里躲避寒冷，很可能披裹毛皮，像人类一样惯用右手。

　　现在民族学家告诉我们，这种生物不是真正的人类。它们与我们是同一属下的不同种。它们的下巴突出，眉骨很高，额头很低。它们的拇指不像人类的可以和其他手指相对。它们的颈部结构使它们无法回头或抬头看天空。它们可能耷拉着脑袋，弯着腰走来走去。它们的颚骨不像人类的，而更像海德堡人的。牙齿也与人类的大不相同，颊齿结构比人类的更复杂。它们没有我们拥有的又长又尖的颊齿，也没有明显的犬齿。它们的头骨容量与人类的接近，但它们的大脑后侧更大，前侧位置更低。它们的智能与人类不同。它们不是人类的祖先。它们在精神和肉体上都异于人类。

　　这一特殊人种的头骨和遗骨的主要发现地是德国尼安德特，因此这一原始人种被命名为尼安德特人。它们应该在欧洲存在了数百甚至上千年。

那时，世界的气候和地理环境与现在有着天壤之别。欧洲从南边的泰晤士河到德国中部和俄罗斯，都被冰雪覆盖着。英国和法国没有被海峡相隔。地中海和红海则是大峡谷，谷底覆盖着一系列湖泊。一片广阔的内海沿着如今的黑海穿过俄罗斯南部进入中亚。西班牙和欧洲没有被冰雪覆盖的地区则遍布着荒凉的山地，那里的气候比拉布拉多更恶劣。只有到达北非才能发现温和的气候。欧洲南部寒冷的干草原上长着稀稀疏疏的北极植被，长毛猛犸象、长毛犀牛、大公牛和驯鹿等耐寒的动物在这里漂泊，它们春天在北方生活，秋天去南方寻找植被。

尼安德特人就是在这样的环境中徘徊，尽其所能地捕捉着小型猎物，采集果实、浆果和根。尼安德特人可能主要以嫩枝、根等植物为食。它们的牙齿较平，结构复杂，说明它们的饮食结构以植物为主。人类还在它们的洞穴里发现了大型动物的长髓骨，骨头被凿开以便吸食骨髓。虽然它们的武器在与野兽正面对抗时不占优势，但它们可能会利用河流渡口的地形优势用长矛捕猎，甚至搭建陷阱。它们可能跟在兽群后面并捕捉在打斗中丧生的野兽，也可能像豺一样吃当时尚未灭绝的剑齿虎吃剩的猎物。在冰川时代的恶劣环境下，长期以植物为食的尼安德特人可能开始了捕猎生活。

我们无法猜测尼安德特人的长相。它们可能浑身长满了毛，完全不像人类。我们甚至不知道它们是否能直立行走。它们可能手脚并用地把自己支撑起来，也可能独自行动，或者以小型家族为行动单位。我们从它们的颚骨结构推测出它们不会说话。

几千年来，尼安德特人一直是欧洲最高等的生物。大约在3万~3.5万年前，随着气候变暖，一种智力更高、知识更丰富、会说话并且能互相合作的同类从南方一路漂泊到了尼安德特人的地盘。他们把尼安德特人从洞穴和栖息地里赶走了。他们捕猎同样的食物，并可能发起战争，杀死了很多讨厌的先民。这些来自南部和东部的移民——目前我们还不知道他们的发源地——最终把尼安德特人彻底灭绝了。他们就是我们的祖先——最早的人类。他们的头骨、拇指、脖子和牙齿的结构与我们的一样。在克鲁马努和格里马尔迪的洞穴里，我们发现了一些骸骨，这是最早的人类遗骨。

　　于是我们的族类进入了岩石记录里，人类的故事开始了。

　　尽管气候的寒冷仍然较为严峻，那时的世界正在变得越来越像现在的世界。欧洲的冰川在消退；随着干草原逐渐变得茂盛，法国和西班牙的驯鹿被马群取代；南欧的猛犸象越来越少，最终全部退居北方。

　　我们不知道人类最早的发源地在哪里。不过在1921年的夏天，考古学家在南非布罗肯希尔发现了一块极其有趣的头骨和一堆骸骨。这些骨头似乎是第三种人的遗骨，他们的特点介于尼安德特人和智人之间。头骨显示出他们的大脑和尼安德特人的相比前部更大，后部更小，并且这块头骨像智人的一样直立在脊椎上。牙齿和骨头也与人类的很相似。然而他们的面部像猿一样有着很高的眉骨和鼻梁。我们可以称这种生物为兼着猿类和尼安德特人的面孔的真正的人。这种人被称为罗德西亚人，他们与智人的血缘关系比尼安德特人更近。

　　罗德西亚人只是我们发现的第二种亚人，可能有更多的亚人生活在漫长的冰川时代，直到他们共同的后继者，或许也是共同的终结者——智人出现。罗德西亚头骨的年代或许并不久远。直到本书出版之际①它的年代仍然没有定论。这种亚人很可能在南非一直生存到了不久之前。

---

① 本书最早出版于 1922 年。

11. 最早的智人

在西欧，主要是在法国和西班牙，科学界发现了与我们有着不容置疑的血缘关系的人种最早的蛛丝马迹。我们在这两个国家都发现了来自3万年前甚至更早之前的遗骨、武器、石头上的划痕，还有雕刻过的骨头碎片，以及洞穴里和岩石上的壁画。目前，西班牙境内最早的原始人类遗迹数量最多。

当然，目前我们收集到的遗迹仅仅是冰山一角，希望将来能有足够多的人力来对所有可能的人类遗迹进行彻底的分析，并且希望考古学家能够仔细探索现在无法进入的一些国家。对人类起源感兴趣，并且有充足的时间进行探索的，经过专业训练的观察者，尚未涉足非洲和亚洲的大部分地区，因此我们不能轻率地下定论说早期的智人只生活在西欧，也不能说智人最早出现在西欧。

在亚洲、非洲或者海洋的深处，或许埋葬着比已知的更丰富和更古老的智人的遗迹。之所以提到亚洲和非洲而不提美洲，是因为目前没有在美洲发现高等灵长目动物，无论是类人猿、亚人、尼安德特人还是早期的智人。这场生命的进化似乎只发生在旧世界，并且在旧石器时代末期，人类第一次穿越如今被白令海峡分开的大陆，进入美洲。

我们在欧洲发现的这些最早的人类遗迹至少属于两个不同的人种。其中之一是非常高大的人种，并且脑容量较大。一块女性的头骨容量超过了现代男性的头骨容量。一副男性的骨架高度超过六英尺。他们的体型接近北美印第安人。根据骨架的发现地，这些人被命名为克鲁马努人。他们是野蛮人，但较为高等。第二个人种的遗骸发现于格里马尔迪洞穴，具有明显的黑人特性。与他们血缘最近的是南非的布希曼人和霍屯督人。有趣的是，从最开始人类已经被划分为两大种族。我们忍不住做出无法被证实的猜测：前者肤色偏棕，来自东方或北方；后者肤色偏黑，来自南方赤道附近。

这些4万年前的野人很有人性，他们把贝壳穿孔做成项链，在身体上画花纹，在骨头和石块上雕刻图案和刻痕计数，并在光滑的洞穴墙壁和适宜的岩石表面描绘原始但却生动的野兽图画。他们制造了很多工具，比尼安德特人制造的工具更小也更精致。如今我们的博物馆中收藏了大量这一时期的工具、雕像和壁画等。

他们最初是猎人，主要猎物是当时一种长着胡子的小马。他们在草地上追逐野马和野牛。他们熟悉猛犸象，因此留下了一些很有价值的猛犸象的图画。从一幅模糊的图上来看，他们设下圈套，杀死了一只猛犸象。

他们使用长矛和石块进行狩猎。他们似乎没有弓箭，好像也没有学会驯化动物，所以还没有养狗。我们发现了一个马头的雕刻品，还有一两幅图描绘了缠着兽皮或兽腱的马，仿佛套着辔头。可是在那一时期、那片区域的小马是无法载人的，即使被驯化也是用来载货物。他们应该还不知道动物的奶水可以喝。

尽管他们已经会用兽皮做帐篷，但还不会搭建房屋。他们捏过泥人，却没有造出陶器。由于没有厨具，他们的烹饪水平一定十分基础。他们对耕种一窍不通，也不会编织和织布。他们还是身上画着花纹、裹着兽皮的野蛮人。

　　这些最早的人类在空旷的欧洲大草原上以狩猎为生。大约过了100个世纪，随着气候的变化，他们也发生了改变。欧洲的气候变得越来越温和潮湿。驯鹿、野牛和野马向北方和东方迁移。草原变成森林，赤鹿取代了野牛和野马。工具和它们的用途也发生了变化。钓鱼成为人类重要的谋生方式，用骨头制作的精致器具变得更多。德·莫尔蒂耶说："这一时代的骨针比后代的更为精致。即使与文艺复兴时期相比也毫不逊色。罗马人的针也无法媲美这一时期的骨针。"

　　约1.5万年至1.2万年前，一个新的种族来到了西班牙南部，他们在裸露的岩石表面留下了栩栩如生的自画像。他们是阿济尔人（得名于马达济尔洞窟）。他们使用弓箭，头戴羽毛头冠，擅长绘画，但他们的画具有象形特点——例如人是由一条竖线和两三条横线来表示的——预示了文字的雏形。在描绘狩猎的壁画旁边经常能看到疑似用于计数的刻痕。一幅画上展示了两个人在用烟熏蜂巢。

　　这便是旧石器时代最后的人类了，因为他们只使用打制的工具。1万~1.2万年前，欧洲焕发了新的生机，人类不仅可以打制工具，还学会了磨制工具，并且开始了农耕。新石器时代正在萌芽。

　　有趣的是，不到一个世纪前，他们仍然生活在地球上的一个偏僻的角落——塔斯马尼亚岛，这类人种的身体和智力的发育低于在欧洲留下足迹的其他早期人种。由此看来，他们不但没有进化，反而退化了。由于地理环境的影响，这些人很早以前与外界隔绝，也因此而缺少刺激,与进步绝缘。他们依靠贝类和小型猎物来维持基本生活,没有居住地,只有简陋的休憩地。这些人是真正的人类,却不像其他原始人类那样心灵手巧。

12. 原始的思想

现在，让我们进行一个有趣的猜想：生活在原始社会是什么感觉？在四万年前，农耕时代开始之前，四处漂泊、以打猎为生的人类是如何进行思考的呢？他们又在想些什么？那是有历史记载之前的时代，我们只能用推理和猜测来回答这些问题。

科学家们尝试了不同的方式来重建原始人类的心理活动。精神分析科学主要研究儿童的自我和本能冲动如何受到限制、压抑、调整或覆盖以适应社会生活的需要。最近，这一领域的研究对了解原始社会的历史提供了很大的帮助。另一个颇有成果的渠道则是研究当代现存的原始部落的思想和习俗。此外，我们在民间故事和现代人心中根深蒂固的迷信与偏见里也能发现某种思想的"化石"。最后，还有越来越多地被发现的图画、雕像、雕刻品、符号等。这些遗迹越接近我们的时代，我们越能从中清晰地推测出原始人认为有趣的、值得记录和代表的事物是什么。

原始人类的思维方式很可能像小孩子，即用一系列想象的画面进行思考。他们在脑海中想象出一幅幅图像，或用图像代表的事物，并根据图像唤起的情感采取相应的行动。现代的孩子和未受过教育的人也是这么做的。系统思想在人类经验的发展中出现得相对较晚，直到最近三千年才开始在人类的生活中扮演重要的角色。直到今天，真正能够控制自己有条理地进行思考的人只占少数。大多数人仍然靠想象和冲动来生活。

最早的人类社会很可能以家庭为单位。正如早期的哺乳动物在家族中长大后仍然在族群里繁衍生息一样，最早的部落也是如此。不过在此之前，个体必须抑制一些原始的自我主义观念。对父亲的畏惧和对母亲的尊敬必然延续到成年生活中，年轻的男性对部落长老天生的嫉妒必然在其成长过程中得到缓解。母亲则是孩子们天生的教育者和保护者。人类在成长的过程中，一边受到离开家庭寻找伴侣的本能冲动的影响，一边面临着独立带来的危险和不利。才华横溢的人类学家J. J. 阿特金森在他的《原始法则》一书中描写了原始人类在逐渐适应社会生活的过程中是如何运用部落生活的重要习惯法——禁忌来调整自己的心理的，后来的精神分析学家们的研究也证实了他的学说。

一些投机的作者坚持认为原始人对部落长老的尊敬和畏惧以及对护幼的年长女性的感情在梦境里以夸张的形式表现出来，并被复杂的心理活动放大，这些情感对原始宗教的萌芽和神与女神的概念的形成起着重要的作用。对强大的人格和护幼的品质的尊敬会在梦境里再现，于是这些角色的死亡会唤起恐惧或欣喜的感情。人们更倾向于相信他们不是真的死了，而是转化为遥远的、更强大的力量。

儿童的梦境、想象和恐惧比现代成年人的更加生动和真实，原始人一直和儿童很像。他们也很像动物，并且认为动物拥有和人一样的动机和反应。他们能想象出动物为人提供帮助、与人类为敌，以及动物形象的神。我们必须拥有一颗童心，才能想象出形状怪异的石头、木块和参天大树等事物对旧石器时代的人类而言拥有怎样重大的意义，甚至可以预示吉凶，以及他们如何在梦境和想象中创造关于这些事物的故事和传说，并对此深信不疑。其中一些精彩的故事值得反复讲述。女人会给孩子们讲述这些故事，于是便确立了一种传统。直到今天，大多数想象力丰富的孩子仍在以喜欢的玩具、动物或具有人类特点的神奇生物为主人公创造长篇故事，原始人很可能也这么做，但他们更倾向于相信自己创造的主人公是真实的。

最早期的原始人类可能十分健谈。这是他们与尼安德特人的不同之处，也是他们的优势。尼安德特人可能比较呆板迟钝。当然，原始人的词汇大概很贫乏，并伴随着动作和手势。

即使是再低等的原始人也能理解因果关系。但原始人对因果关系的判断并不成熟，他们很容易把一个结果与错误的原因相联系。他们说："如果做这件事，就会有这样的结果。"如果给孩子吃有毒的浆果，孩子就会死。如果吃掉英勇的敌人的心脏，就会变强。在这两条因果关系中，一个是真的，一个是假的。我们称原始人的因果关系为迷信，这是原始人的信仰。迷信与现代科学的不同在于它毫无系统并且缺乏批判性，因此更容易得出错误的结论。

很多情况下把原因和结果联系起来并不难，很多错误的观点会很快被经验纠正。然而原始人在坚持不懈地寻求很多重要问题的答案时，会得出一些错误的解释，并且这些错误往往不够明显而无法被察觉。拥有充足的猎物和容易捕捉的鱼群对原始人来说至关重要，所以他当然会尝试各种占卜、相信咒语和预言以求理想的结果。他担心的另一件事便是疾病和死亡。人们有时死于传染病，有时死于其他疾病，有时毫无征兆地就变得衰弱。面对这些情况，原始人草率冲动的头脑里一定产生了很多迷信。梦境和奇思妙想让他们盲目地寻找替罪羊或者寻求帮助。他们像孩子一样很容易恐惧和惊慌。

在很久以前的小型部落里便有一些稳重的长者，他们也拥有同样的恐惧和想象，却比其他人更坚强。他们一定主动担任起提供建议、制定规则和发号施令的工作。他们宣布什么是不详的，什么是必要的，什么是吉兆，什么是凶兆。巫医是迷信的专家，也是最早的神职人员。巫医负责告诫、解梦、警告和进行复杂的仪式来祈福或消灾。原始宗教不同于现代的宗教信仰，早期的巫医实际上支配着一门武断的原始实践科学。

13. 农耕的开始

　　尽管在过去的50年间学术界开展了大量的研究并提出了很多假设，我们对人类农耕与定居的开始仍然知之甚少。我们唯一能确定的是大约在公元前1.5万年至1.2万年之间，阿齐利人生活在西班牙南部，残存的原始猎人们在向北方和东方迁移，在北非、西亚或如今已沉入地中海底的山谷之间的某处生活着这样的一群人，他们经年累月地从事着两件至关重要的工作：耕种土地和驯养家畜。除了像祖先一样制作工具，还开始制作磨制的石器。并且，他们发现了编织篮子的方法，还会用植物纤维织布，并且开始制作粗糙的陶器。

　　这群人正在进入人类文明的新阶段。为了与克鲁马努人、格里马迪人、阿齐利人所处的旧石器时代区分开来，这一阶段被称作新石器时代。这些新石器时代的人们逐渐散布到全世界的温暖地带。他们掌握的技术、耕种的农作物、驯养的家畜通过模仿和学习甚至传播到了更大的范围。到公元前1万年，大多数人类文明都进入了新石器时代。

对现代人而言，耕地、播种、收获、打谷、研磨的一系列步骤就像地球是圆的一样合乎逻辑。除此之外还能怎么做呢？人们会问，还有其他可能性吗？然而对两万年前的原始人来说，无论是这一系列行动还是其背后的道理都不像今天一样显而易见。原始人类经过很多次试验和误解才能得出有效的实践方式，其中的每一步都伴随着不必要的详细阐述和错误的理解。在地中海沿岸的某地生长着野生的小麦，人类在学会播种之前便学会了收割小麦并研磨种子作为食物。原始人类先收获，后播种。

值得注意的是，在全世界的农耕文明中，我们都能发现将播种与血祭，尤其是活人献祭联系起来的原始习俗的残留痕迹。研究耕种和献祭之间的原始联系对好奇心旺盛的人来说是很有吸引力的，感兴趣的读者可以在 J. G. 弗雷泽爵士的里程碑式的著作《金枝》里读到相关的完整论述。我们必须记住，原始人热爱幻想和编造神话，这种联系在他们的孩子般的头脑中是一片混乱的。在1.2万至2万年前的世界，似乎每当播种的季节到来，新石器时代的人们便会举行活人献祭。并且被献祭的通常不是坏人或被遗弃的人，而是被选中的少年或少女，他们得到极大的尊敬，甚至直到被献祭时一直受到崇拜。他们是被牺牲的神王，献祭的具体细节成为由拥有知识和地位的长者主持的一套仪式。

最初的原始人类对季节只有非常粗略的理解，他们很难决定合适的献祭和播种的时间。原始人类对年月并不了解的假设是有理由的。最早的年表是用阴历来表示的，《圣经》中的长老们的年龄可能是用月来计算的，巴比伦历法中显示了将13个太阴月算作一轮来计算播种期的尝试。阴历对历法的影响一直持续到了现在。天主教规定的耶稣受难日和复活节的日期不是固定的，而是随着月相发生改变，如果不是习以为常，我们会发现这是值得注意的。

人们或许会疑惑最早的农学家们是否观察过星象。最早进行星象观测的更有可能是早期的游牧民族，星象可以为他们指示方向。自从人们学会用星象来确定季节，星象对农业的影响就变得很重要了。播种期的祭祀与南方或北方的明亮的星星联系在一起。对这些星星的传说和崇拜对原始人而言几乎是必然的结果。

我们不难看出一个拥有知识和经验、懂得祭祀和星象的人在新石器时代早期的地位有多重要。

拥有知识的男女们的权力还来源于人们对不洁和污染的恐惧，以及他们所掌握的可行的净化方法。女巫和男巫以及女祭司和男祭司是自古以来便一直存在的。最早的祭司与其说是神职人员，不如说是应用科学家。他们的科学总体上是经验的总结，并且充满谬误。他们出于猜忌而不向大众公布他们的知识，尽管如此，他们的主要职责仍然是实践性的知识运用。

1.2万~1.5万年前，新石器时代的人类部落生活在气候温和、水源充足的地区，他们培养了祭司的阶级传统，耕种农田，发展出了村庄和城墙包围的小型城市，人类的活动范围在逐渐扩大。时光流转，思想的传递和交流在这些部落间悄然进行着。艾略特·史密斯和里弗斯曾使用"日石文化"一词来描述最早的农业文明。"拜日"（日与石）也许不是最恰当的描述，不过在科学家提出更好的术语之前我们只能使用它。这一文化发源自地中海和西亚，逐渐向东传播，经过太平洋上的岛屿甚至传到美洲，并与来自北方的更为原始的蒙古文化相融合。

奉行"日石文化"的棕色人种无论到了哪里，都带去了他们特有的一些或全部的新奇思想和实践。其中一些思想如此奇特，只有精神领域的专家才能解释。他们建造了金字塔和巨型坟墓并堆起巨石阵，也许是为了帮助祭司观察天象。他们把死者做成木乃伊；他们文身和举行割礼；他们有着"拟娩"的习俗，即在分娩时让婴儿的父亲在床上休息；他们还有一个众所周知的幸运符号——卍字符。

如果我们在世界地图上用点把这些文化的遗址连接起来，会得到从巨石阵和西班牙穿过温带和亚热带海岸线直到墨西哥和秘鲁的一条长带。然而赤道以南的非洲、中欧北部、北亚却不在其中，这些地区的人们是沿着独立的线路发展的。"旧石器"一词还用来形容尼安德特人的工具和原始石器。人类出现之前的时期被称为"旧石器时代前期"，人类使用打制工具的时期被称为"旧石器时代后期"。

14. 原始的新石器文明

　　大约公元前1万年，世界的地理轮廓与今天的很像。那时，横跨直布罗陀海峡的巨大屏障一直阻挡着海水进入地中海，这道屏障已被侵蚀殆尽，地中海的海岸线逐渐与今天相差无几；里海的范围比如今更为广阔，可能与黑海连成一片并向北延续至高加索山脉。中亚的这片海洋和陆地在当时土地肥沃、适宜居住，如今却被旷野和沙漠所取代。当时的世界气候更加潮湿，土地更为肥沃。俄罗斯位于欧洲的领土的沼泽和湖泊比现在多得多，连接着亚洲和美洲的白令海峡或许还没有完全断开。

　　当时，我们已经能够区分出我们今天所知道的人类的主要种族划分。在温暖的树木丛生的沿海地带，生活着拥有日石文化的棕色人种，他们是生活在地中海流域的柏柏尔人、埃及人以及南亚和东亚的大部分人类的祖先。如此庞大的人种自然产生了数个分支。大西洋或地中海沿岸的比利亚人（也称地中海人或浅色人种），以及柏柏尔人、埃及人、达罗毗荼人、黑肤色的印度人、大量的东印度人、众多波利尼西亚人和毛利人，都是人类这一庞大群体的不同分支。西方人种的肤色比东方人种更白一些。生活在中欧和北欧森林里的金发碧眼的人种就是从主流的棕色人种中分化出来的，他们被称为北欧人。在广阔的亚洲东北部平原居住着棕色人种的另一分支，他们是眼角上扬、高颧骨、黄皮肤、头发又黑又直的蒙古利亚人。在南非、澳大利亚、亚洲南部的许多热带岛屿上生活着尼格罗人的后代。非洲中部地区已经是一个种族混杂的地区。如今非洲所有的有色人种几乎都来自北方的棕色人种与黑色人种的混血后代。

我们必须记住，人类所有的种族都可以自由地杂交，他们像云一样分离、融合与重聚。人种不像树杈一样分离后便再也不能长到一起。我们必须时刻谨记这种民族融合的倾向，这样可以使我们免于很多残忍的迷惘和偏见。人们往往会用最漫不经心的语气谈论人种，并以偏概全，这是极其可笑的。人们会谈论"不列颠"人种或"欧洲"人种。然而几乎所有欧洲国家都是棕色人种、浅色人种、白人和蒙古利亚人等分支的混血后裔。

在新石器时代，蒙古利亚人首次踏上美洲大陆。他们穿过白令海峡后向南部扩散。他们在北非发现了驯鹿，在南方发现了大量的北美野牛。当他们到达南美洲时，那里仍然生活着一种巨大的犰狳——雕齿兽，还有像大象那么高的笨拙的大地懒。这些人的到来很可能导致了大地懒的灭绝，这种生物虽然体型庞大，却毫无反击之力。

大部分美洲部落从未脱离这种新石器时代的游牧民族的生活。他们从未发现铁的用途，拥有的金属主要是当地的金和铜。然而在墨西哥、尤卡坦和秘鲁，当地的情况更适合发展农业。约公元前1000年，一种与旧世界文明相似而又不同的有趣的文明兴起了。就像许多原始文明一样，这些群体在播种期和丰收期会举行活人献祭。在旧世界中，这种习俗最终得到了缓和，它们被复杂的思想或其他习俗所取代，而在美洲，它们发展到了更高的程度。这些美洲文明，从根本上看是由祭司主导的国家，它们的酋长和统治者必须严格遵守法律和宗教戒律。

这些祭司使天文学发展到了高度精确的程度。现在我们得知他们对年月的认知比我们将要讲到的巴比伦人更准确。尤卡坦岛上的玛雅文字最为精巧。通过解读，我们得知玛雅文字主要用于记录祭司潜心钻研的历法。玛雅文明在公元700至800年间达到顶峰。这个民族的雕刻艺术令人叹为观止。其内容之怪诞则超乎常人的想象。在旧世界中没有能与之媲美的相似的东西。与其最接近的是在遥远的印度发现的古老的雕刻品，周围编织着羽毛和巨蛇。许多玛雅铭文像极了欧洲的疯人院里的疯子们的作品。玛雅人的思想按照旧世界的标准是毫不理智的。

美洲文明对人血的痴迷再次将迷乱的美洲文化与精神失常联系起来。墨西哥文化尤其重视血祭，每年要牺牲数千名活人祭品。在受害者还活着时切开他们的皮肤，挖出仍然跳动的心脏，这些祭祀行为是祭司们毕生从事的工作。公共生活和国家庆典等都伴随着这一惨绝人寰的行为展开。

这些文化中的普通人的日常生活与其他原始文化中的人民相差无几。他们拥有高超的制陶、织造和染色技术。玛雅文字不仅被雕刻在石头上，也被写在兽皮上。欧洲和美国的博物馆内收藏着很多玛雅手稿，除日期之外，目前大部分内容没有得到破解。在秘鲁曾有过类似的文字，后来被结绳记事取代。几千年前的中国也存在着相似的记事法。

在比玛雅文明早三四千年，即公元前4000年或5000年之前的旧世界里，存在着一些和美洲文明相似的原始文明。这些文明建立于神庙之上，举行过大量的血祭，它们的祭司对天文颇有研究。旧世界的原始文明在交流中逐渐发展为今天的世界，而美洲的原始文明却从未超越原始阶段，每个文明都待在自己独立的小世界里。在欧洲人来到美洲之前，墨西哥人和秘鲁人互不来往。墨西哥人甚至不了解秘鲁人的主要粮食——土豆。

斗转星移之间，美洲大地上的人们奔波于生计，崇拜上帝，举行祭祀，最终死亡。玛雅艺术在装饰方面具有极高的水平。部落里的人们相亲相爱，部落之间却战火不断。干旱与丰收、瘟疫与健康交相更替。祭司们在漫长的岁月中完善了历法，发展了祭祀仪式，然而在其他领域却收获甚少。

15. 苏美尔文明、古埃及文明与文字

　　旧世界的范围比新世界更广泛，并经历了更多的发展阶段。公元前6000年到公元前7000年以前，亚洲一些土壤肥沃的地区和尼罗河谷已经出现了与秘鲁的文明程度相似的类文明社群。波斯北部、土耳其斯坦西部和阿拉伯南部在当时比现在更加富饶，这些地区都留下了早期文明的迹象。最早的城市、庙宇、系统的灌溉设施以及比野蛮的村落和城镇更进步的早期文明则出现在美索不达米亚平原和埃及。当时，幼发拉底河和底格里斯河经过各自的河口汇入波斯湾，苏美尔人正是在两河之间的土地上建立了第一座城市。虽然具体年代不详，古埃及文明也在同一时间开始了。

　　苏美尔人是鼻梁高挺的棕色人种。通过解读他们的文字，我们了解了苏美尔语言。他们学会了制作青铜器，并用晒干的砖建造了高耸的神庙。苏美尔地区拥有优质的黏土，适合书写，因此他们的文字得以保存下来。他们蓄养了牛、绵羊、山羊和驴，但没有养马。他们以紧密的步兵阵型进行战斗，武器是长矛和兽皮做的盾。他们穿羊毛制成的衣服，并把头发剃光。

每一个苏美尔城市都是独立的，彼此供奉不同的神灵，并拥有相应的祭司。但有时候，一个城市会凌驾于其他城市之上，并向其他城市索取供奉。在尼普尔发现的一段古老的铭文中记录了第一个"帝国"——埃雷克。帝国的神灵和国王（同时也是大祭司）统治着从波斯湾到红海的广阔疆土。

文字最初只是图画记录的一种简单形式。在新石器时代之前人们已经开始写字了。前面提到过的阿齐尔文明的石雕已经显示了文字的萌芽。很多石雕描绘的是打猎和远征的场景，其中大多画着简单的人形。有一些人形没有画出头部和四肢，而是用一条竖线和一两条横向的笔画来代替。这种图画很容易转化为浓缩的象形文字。苏美尔人用木棒在黏土地上写字，但要不了多久，字的笔画就变得难以识别了；而埃及人在墙壁上和纸莎草（最早的纸张）上写字，因此文字的形象得以保留。由于苏美尔文字的形状像楔子，因此得名楔形文字。

文字发展史上重要的一步是图像不再用来表示某个事物，而是用来表示与它相似的事物。在孩子们喜爱的画图猜谜游戏里，这种用法仍然存在着。如果我们画一顶有着铃铛（bell）的帐篷（camp），孩子们会高兴地说出一个苏格兰人名Campbell。苏美尔语言是用音节堆积而成的，这一点和美洲印第安语言相似。它很适合用来表示无法用图像直接表达的意思。埃及文字也经历了类似的发展。后来，没有音节书写体系的外来民族学习和使用了这种象形文字后进行了调整和简化，最终发展为字母文字。后世使用的所有字母都是衍生于苏美尔楔形文字和埃及象形文字（祭司文字）的混合。中国后来发展出了规范化的象形文字，但从未进入字母文字的阶段。

文字的发明对人类社会的发展具有重大影响。协议、法律和契约得以形成记录。文字使国家获得了比旧式城邦更大的发展，并为持续的历史记录提供了可能性。祭司或国王的命令和印章能传达到更远的地方，甚至在他死后继续流传。有趣的是，古代苏美尔人对印章的使用很频繁。国王、贵族和商人的印章经常雕刻得极具艺术性，他们授权的所有由黏土构成的文件上都会加盖印章，黏土干燥后印就永久保存下来了。六千年前的文明距离印刷术就是这么近。无数年来美索不达米亚地区的信件和记录都被写在了不易损坏的土块上。幸亏如此，这些知识才得以修复。

苏美尔和埃及很早便拥有青铜、黄铜、金、银和稀有的铁陨石资源。

苏美尔和埃及的早期城市中的日常生活一定很相似，并且与三四千年后的玛雅城市中的生活一定也很相似，只不过玛雅的街道上看不见驴和牛。在和平时代，大部分人忙于灌溉和耕种田地，有时参加宗教庆典。他们没有钱，也不需要钱。有时他们会进行物物交易。占有了大量财物的亲王和统治者们有时会用金条和银条进行贸易。寺庙主宰着人们的生活。苏美尔人的寺庙是可以观星的高塔，埃及人的寺庙是只有一层的巨型建筑。在苏美尔，祭司是最高统治者；而在埃及，法老王比祭司更伟大，他是神的化身。

那时的世界很少有变化，人们日复一日地在阳光下劳作。极少有人离开故乡，外乡人的生活十分艰难。祭司根据自古传下来的规矩引导人们的生活，通过观察星象确定播种期，记录祭祀产生的预兆，并解释梦境蕴含的警告。人们已经忘记了祖先们原始的生活方式，对未来也毫无头绪，这种朴实的生活倒也别有一番滋味。有的统治者很仁慈，例如统治埃及长达90年的佩比二世。有的统治者野心勃勃，他们下令攻打邻国，或者修建金字塔，人民苦不堪言，例如在吉萨修建了大量金字塔的基奥普斯、哈夫拉和门卡乌拉。其中最大的金字塔高达450英尺，重达488.3万吨。所有石块都是顺着尼罗河用船运送并主要由人力拖运的。金字塔的建造对埃及的损耗比战争更为严重。

16. 原始的游牧民族

在公元前6000到公元前3000年间，美索不达米亚和尼罗河谷不是人类唯一的定居地。人们还在其他地方从事农业耕种并建立起城市。只要存在充足的灌溉水源和稳定的食物来源，人们便乐意放弃居无定所的打猎生活，在某地定居，过上安稳的生活。亚述人在底格里斯河上游建立了城市，在小亚细亚的山谷和地中海沿岸及附近岛屿，一些小型的社群正在逐渐发展壮大。类似的人类社会的发展在印度和中国条件优异的地区可能也在进行着。在欧洲的许多鱼类储量丰富的湖泊沿岸，很早便兴起了小型的人类村落，除了躬耕农田，人们还从事着打渔和捕猎。然而旧世界的大部分地区都不可能存在这样的定居地，因为大部分地区的土地贫瘠，不是长满了树就是过于干旱，或者在当时的科技水平下难以预测季节的变化。

在原始文化的条件下定居的人们需要稳定的水源，温暖的气候和充沛的阳光。当这些条件得不到满足时人们只能以打猎和游牧为生，过着居无定所的生活。从打猎到放牧的生活转变可能是十分缓慢的。在跟随着野牛群和（亚洲）野马群的过程中，人们也许想到了这些动物可以成为自己的财产，并学会了把它们围在山谷里，为它们驱赶狼群野狗和其他捕食者。

原始的农业文明主要在大河谷成长，而另一种不同的生活方式——在冬季草场和夏季草场之间不停移动的游牧生活也在发展。游牧民族整体上比农业民族更加吃苦耐劳。他们获得的食物更少，人口也更少。他们没有永久性的庙宇，没有高度组织化的祭司，他们使用的工具种类少得可怜。但读者不应想当然地认为他们的生活方式不够发达。这种生活在很多方面比农业生活更加健全。游牧民族中的个体更加自立而不只是群体中的一分子，领导者更为重要，巫医的地位则不那么重要。

在迁移的过程中，游牧民族看待生命的眼光变得更广阔。他们在国与国的边界之间徘徊。他们习惯了看见陌生的面孔，不得不与其他部落竞争草场和协商合作。他们翻越过高山，进入过岩石遍布的地区，因此比农民更了解矿石，或许他们可以成为更出色的冶金家。青铜和炼铁可能都是游牧民族的发现。我们在远离早期文明的中欧发掘出一些从矿石中提取并锻造的铁器。

而另一方面，农业文明拥有纺织品、陶器等大量财富。由于农业文明和游牧文明的差异，二者之间不可避免地会发生一定程度上的抢劫和贸易。苏美尔地区由于是拥有沙漠和季节性变化的国家，游牧民族在农田附近扎营结寨进行贸易、偷窃和从事（吉卜赛人至今仍在从事的）修补工作一定是家常便饭。但他们不会偷鸡，因为直到公元前1000年，鸡的原型——一种印度丛林禽类才被驯养。他们会带来珍贵的宝石、金属和皮革，猎人会带来兽皮，用来交换陶器、珠子、玻璃、服装和其他手工艺品。

在苏美尔和古埃及的早期文明中，存在着3种游牧和半定居的民族，他们主要生活在三大地区。在欧洲的森林里生活着金发的北欧人，他们地位较低，从事打猎和放牧。公元前1500年前的原始文明部落往往瞧不起这些北欧人。在东亚的干草原上分布着众多的蒙古部落——匈奴人，他们驯养马匹，并发展出了在相隔甚远的夏季营地和冬季营地之间来回迁移的习惯。当时的北欧人和匈奴人可能被俄罗斯的沼泽和浩瀚的里海分隔开来。俄罗斯几乎遍布着沼泽和湖泊。在叙利亚和阿拉伯的沙漠里，棕色皮肤的人们组成的闪米特部落在草场之间驱赶着羊群和驴子，如今这些沙漠变得更加荒芜了。正是这些闪米特族的牧羊人和波斯南部的一些更具备尼格罗人种特点的民族——埃兰人成了最早与早期文明接触的游牧民族。他们来从事贸易，也对原始文明进行了劫掠。最终，游牧民族里出现了一些野心勃勃的领导者，他们成了征服者。

约公元前2750年，一名伟大的闪米特首领——萨尔贡征服了整片苏美尔地区，成了从波斯湾到地中海的主人。他是个不识字的野蛮人，他的子民——阿卡德人学习了闪米特文字并将闪族语言作为官方和学术语言。他建立的帝国在两个世纪后消亡了，埃兰人也在洪水中灭绝了，一个新的闪米特族——亚摩利人成了苏美尔地区的主人。他们把河流上游的一个小镇——巴比伦定为首都，建立了巴比伦第一王朝。一位名叫汉谟拉比的国王（约公元前2100年）颁布了世界上最早的法律，巩固了王朝的统治。

狭窄的尼罗河谷不像美索不达米亚地区那样频繁受到游牧民族的攻击，不过大约与汉谟拉比同一时期，闪米特族人成功入侵了埃及，并成了新的法老，"牧人王"希克索斯的王朝延续了几个世纪。这些闪米特征服者未曾与埃及人融合，他们一直被当作异乡人和野蛮人并受到敌视。约公元前1600年他们在一次起义中被驱逐了。

最终，闪米特人来到了苏美尔地区，两个民族相互同化，巴比伦王朝吸收了闪米特族的语言和习俗。

17. 最早的航海者

早在2.5万~3万年前，人们已经学会了使用船只。人们可能在新石器时代的早期就能使用木头或充气的兽皮作为辅助工具在水面上划行。据我们所知，埃及和苏美尔人很早便在使用一种覆盖着兽皮、用松脂将缝隙填满的编制而成的小船，并且沿用至今。如今的爱尔兰、威尔士和阿拉斯加也在使用。用海豹皮做的船仍然航行于白令海峡之上。用中空的木头做成船的方法不断被改进，人们从建造小船逐渐发展出了建造大船的技术。

正如广泛流传的洪水的故事可能来源于地中海盆地的洪灾，诺亚方舟的故事可能是为了纪念最初人们建造船只的伟大探索。

在金字塔建成之前早已有船只在红海上航行，公元前7000年在地中海和波斯湾上也能看到船只。这些船大部分是渔船，但也有商船和海盗船——根据我们对人性的了解，基本可以断定早期的水手们一有机会便劫掠财物，必要时也会进行贸易。

这些船最早是在风平浪静的内海上进行探索的，那时的船只在人们的生活中只占了辅助地位。装备精良、能在大海上航行的海船在最近四百年间才发展完善。古代的船大多靠划桨在水上前行，这些船一看到恶劣天气的迹象便可以立刻停进港口。随着大帆船的出现，对在船上做苦工的战俘的需求量也增加了。

我们已经讲到，在叙利亚和阿拉伯地区的闪米特游牧民族，以及他们如何攻占了苏美尔并建立了阿卡德第一王朝和巴比伦第一王朝。而在西方的闪米特人则开始了海上活动。他们在地中海东岸建起了一系列以泰普和西顿为首的港口城镇。到汉谟拉比时代，他们已经占领了整个地中海盆地。海边的闪米特人被称为腓尼基人。他们赶走了伊比利亚巴斯克人，定居在西班牙，并沿着直布罗陀海峡探索海洋。他们在非洲北部海岸建立了殖民地。后面我们会详细讲述其中一座腓尼基城市——迦太基。

然而腓尼基人不是最早乘大帆船在地中海上航行的人。在地中海沿岸及附近岛屿上已经存在着一些小镇和城市，里面居住着与西部的巴斯克人、南部的柏柏尔人、埃及人以及爱琴海人有血缘关系并使用相近的语言的一群人。这些人并不是我们后面将提到的希腊人，他们是希腊人的前身。在希腊和小亚细亚等地建立了城市，例如迈锡尼和特洛伊，其中克里特岛的克诺索斯尤其繁荣。

考古学家在19世纪后半叶才发掘出爱琴海文明，并仔细地探索了克诺索斯。它的废墟幸运地得以保留，可以作为我们对被遗忘的爱琴海文明的主要信息来源。

克诺索斯的历史和埃及的历史一样悠久。到公元前4000年时，这两个国家已经有了密切的海上贸易往来。在公元前2500年，即萨尔贡一世和汉谟拉比在位时期，克里特文明达到了顶峰。

克诺索斯与其说是一座城市，不如说是克里特的君主及其子民们的宫殿。克诺索斯甚至没有防御二事。后来腓尼基人的势力日渐强大，并且北方的海上出现了一群可怕的海盗——希腊人，克诺索斯这才开始加强防御，修建城墙。

埃及的君主被称为法老，克诺索斯的君主被称为米诺斯，他把国家建在一座流水的宫殿里，并修建了豪华的浴室等设施，这种便利的设计在其他古代遗迹中是看不到的。米诺斯在宫殿中举办庆典和演出，那里上演过跟如今的西班牙斗牛十分类似的斗牛比赛，甚至连斗牛士的服装都与现在存在相似之处；那里还上演过体操展示。女性的服装充满了现代感，女人们穿着束腰和饰有荷叶边的裙子。这些克里特人制造了精致的陶器和纺织品，创造了美轮美奂的画和雕像，打造了华丽的珠宝、象牙、金属，镶嵌工艺令人赞叹。他们有自己的文字，但至今尚未得到破解。

这种充满阳光、幸福和文明的生活持续了几十个世纪。在公元前2000年，人们在克诺索斯和己比伦享受着快乐、舒适，过着有教养的生活。他们举办演出和宗教庆典，在家有奴隶负责打理家务，在外也有奴隶为他们赚钱。对这些被阳光和碧海环抱着的人们而言，克诺索斯的生活一定是十分安定的。而处于"牧羊王朝"①的统治之下的埃及则仿佛正在走向衰败。如果仔细观察一下当时的政治局势，就会发现闪米特人几乎遍布全世界，他们统治了埃及和遥远的巴比伦，在底格里斯河上游兴建了尼尼微，向西航行到直布罗陀海峡并在海岸上建立了殖民地。

一些克诺索斯人有着旺盛的好奇心和行动力。后来的希腊神话里讲述了一名手艺精湛的工匠代达罗斯的故事：他尝试建造了一种

---

① 牧羊王朝，公元前1720—公元前1570年，埃及历史上的一个奴隶制王朝。——译者注

类似滑翔机的飞行工具，但不幸的是在飞行中损坏并坠落大海。

克诺索斯人的生活和我们现代人的生活之间存在着一些有趣的不同与相似之处。对生活在公元前2500年前的克里特人而言，铁是一种从天而降的稀有金属，人们对它更多的是感到好奇，而不是去探索它的用途——因为人们只知道陨铁，还没有发现铁矿。与此相比，现代人的生活到处都离不开铁。马在克里特人眼中就像是传说中的动物，他们只知道马的外形像驴，生活在黑海以北的荒凉的土地上。对克里特人而言，文明主要存在于爱琴海和小亚细亚，生活在那些地区的吕底亚人、卡里亚人和特洛伊人可能说着与他们相似的语言。在西班牙和北非也生活着腓尼基人和爱琴海人，但对克里特人来说那已经是相当遥远的地方了。那时意大利仍然遍布着森林，荒无人迹，棕色皮肤的伊特鲁里亚人还没有从小亚细亚来到这里。也许有一天，一名克里特人走到港口边，他的目光被一个有着白皮肤和蓝眼睛的俘虏所吸引。也许这名克里特人试图与俘虏搭话，却听不懂对方的回答，于是他认定这名俘虏是来自黑海以北的愚昧的野蛮人。但他其实来自雅利安部落，我们很快就会讲到很多关于这个部落的故事。他们所说的奇怪的语言在后来分化为梵语、波斯语、希腊语、拉丁语、德语、英语等如今世界上最主要的语言。

克诺索斯的顶峰时期充满了智慧、进取、阳光和欢乐。然而在公元前1400年，一场灾难突然降临。米诺斯宫殿被毁，此后从未被重建，再也没有人住在那里。我们不清楚这场灾难是如何发生的。考古学家挖掘出一些散落的战利品，并发现了火的痕迹，此外还发现了一场毁灭性的大地震的迹象。也许是自然灾难摧毁了克诺索斯，也许是在地震后又遭受了希腊人的洗劫最终导致了克诺索斯的灭亡。

18. 埃及、巴比伦和亚述

　　埃及人从未心甘情愿地服从闪米特族牧羊王朝的统治。公元1600年，埃及爆发了一场爱国运动，驱赶了外族统治者，迎来了学者们所说的新王朝时期，这是埃及复兴的新时期。在希克索斯入侵之前四分五裂的埃及如今成了一个统一的国家。被异邦征服的经历和随后的反抗使埃及充满了斗志。埃及法老们开始积极地征服其他国家。这时埃及人已经拥有了希克索斯带来的战马和战车。在图特摩斯三世和阿蒙霍特普三世的统治下，埃及的势力扩展到了亚洲的幼发拉底河流域。

　　曾经互不往来的美索不达米亚文明和尼罗河文明开始了长达千年的战争。一开始埃及占据着优势。图特摩斯三世①、阿蒙霍特普三世和四世②以及一位伟大的女王哈塔苏统治下的第十七王朝，以

---

① 图特摩斯三世（Thutmose Ⅲ），古埃及第十八王朝法老（约公元前1504—公元前1450年在位），第十八期是延续时间最长、版图最大、国力最鼎盛的一个朝代。——译者注
② 阿蒙霍特普三世（Amenhotep Ⅲ），古埃及第十八王朝法老，在位38年（大约是公元前1391—前1353年在位）。法老图特摩斯四世之子。——译者注

及在位67年的拉美西斯二世（一些人认为他是摩西的故事里的法老）统治下的第十九王朝为埃及带来了高度的繁荣。埃及在这两次繁荣期之间陷入了低谷，先后被叙利亚人和南方的埃塞俄比亚人攻占。巴比伦人统治着美索不达米亚，随后赫梯人和大马士革的叙利亚人短暂地占据了优势地位。叙利亚人一度占领了埃及，尼尼微的亚述人的财富流失了。有时尼尼微被占领，有时亚述人统治着巴比伦并进攻埃及。我们所掌握的信息还不足以判断埃及军队的调度情况以及小亚细亚、叙利亚和美索不达米亚的闪族各自的势力。军队拥有大批战车，因为拉战车的马匹已经从中亚传入了古老的文明之间，虽然马的使用范围仍然局限于战场上。

曾经占领了尼尼微的米坦尼的国王图什拉塔，征服了巴比伦的亚述的提格拉特帕拉沙尔一世，这些伟大的征服者们在人类历史遥远的时光中昙花一现，而后归于毁灭。最终亚述成了当时军事力量最强大的民族。提格拉特帕拉沙尔三世于公元前745年征服了巴比伦，建立了新亚述帝国。同时在北方，亚美尼亚人的先驱赫梯人最早发现了铁的用途，并把它传播到亚述，篡权夺位的亚述王萨尔贡二世用铁质的武器装备自己的军队。亚述成为第一个贯彻血与铁的信条的民族。萨尔贡的儿子辛那赫里布率领军队到达埃及边境，他们没有被埃及人击退，却败给了瘟疫。终于，辛那赫里布的孙子亚述巴尼帕（他的希腊语名字是萨丹纳帕露斯）于公元前670年征服了埃及。然而埃及当时已经处于埃塞俄比亚王朝的统治之下。萨丹纳帕露斯不过是取代了之前的征服者。

如果我们把这段漫长的千年历史中的各个国家的政治地图描绘出来，我们将看到埃及像显微镜下的变形虫一样忽大忽小，也将看到巴比伦、亚述、赫梯和叙利亚等闪米特国家相互兼并又再次分裂的过程。小亚细亚以西是首都在萨迪斯的吕底亚和卡里亚等爱琴海的小国。然而在公元前1200年甚至更早的时候，一些新的势力从东北和西北陆续来到旧世界的舞台。这些未开化的部落成员装备着铁制武器，驾驶着战车，给爱琴海和闪米特文明的北部边境带来了巨大的灾难。他们说着不同的语言，但这些语言都发源于雅利安语。

黑海和里海的东北部，迎来了米提亚人和波斯人。历史上人们经常把他们与塞西亚人和萨尔玛提亚人相混淆。亚美尼亚人来自东北部或西北部，西米里族人、佛里吉亚人和希腊人从西北部穿过大海经巴尔干半岛来到这里。无论来自东北还是西北，这些雅利安人都劫掠了沿途的城市。他们都是彼此相似的同族人，本来是吃苦耐劳的牧人，却走上了掠夺财物的道路。东方的雅利安人还停留在打家劫舍的阶段，但西方的雅利安人已经开始攻占城市，驱赶了文明开化的爱琴海人。爱琴海人只能在雅利安势力范围之外寻找新的安身之处。一部分人在尼罗河三角洲寻找定居地，他们受到了埃及人的驱赶；另一部分伊特鲁里亚人从小亚细亚出发，他们航行抵达意大利中部，并在森林中建立了国家；还有一部分人在地中海的东南海岸建造了城市，他们就是后来的腓力斯人。

之后我们会更加详细地介绍古代文明中这些粗鲁的雅利安人。这里我们只需注意到在公元前1600年至公元前600年间，古代文明的变迁是由来自北方森林和荒野的雅利安蛮族不断的入侵造成的。

在后续章节里我们还会介绍一群人数不多的闪米特人，即希伯来人，他们生活在腓尼基和腓力斯海岸附近的山区，并在这一时期结束前开始发挥举足轻重的作用。他们创作了为后世带来重大影响的由一系列篇章组成的一部文学作品，那就是集历史、诗歌、箴言和预言于一体的希伯来《圣经》。

在美索不达米亚和埃及，雅利安人的到来直到公元前600年后才产生了重要的变化。在希腊人之前的爱琴海人的流离失所和克诺索斯的毁灭，对埃及和巴比伦文明而言一定都是遥远的动乱。这些文明的摇篮经历着朝代变迁，人民的生活则照常继续，并且随着时间流逝而逐渐变得精致和复杂。作为历史纪念碑的埃及金字塔已经屹立了3000年，如今它们也一样是吸引游客的名胜古迹，并且在第十七和第十九王朝时期出现了一些崭新的宏伟建筑。位于卡纳克和卢克索的神庙便是这一时期建成的。尼尼微所有的重要纪念碑，伟大的神庙，有翅膀的人头牛身怪物，描绘国王、战车和猎狮的浮雕都是在公元前1600年至公元前600年之间完成的，这一时期的巴比伦也创建了许多丰功伟绩。

美索不达米亚和埃及文明都留下了大量的公共记录、账本、传说、诗歌和私人信件。我们知道在巴比伦和埃及的底比斯等繁荣的古代都市，达官显贵们的生活几乎像如今一样精致和奢华。这些人住在精心布置和装饰的房屋里，过着井然有序的、礼仪周到的生活。他们身穿花纹复杂的衣服，戴着精致的珠宝，受到训练有素的仆人的侍候，并且接受着医生和牙医的治疗。他们虽然不经常出远门，但乘坐游艇在尼罗河和幼发拉底河观光是夏季常见的消遣活动。驴主要用来驮重，马只用来拉战车和在国事活动中使用，骡仍然很少见，骆驼虽然存在于美索不达米亚，却还没有被带到埃及。铁器的数量稀少，黄铜和青铜仍是主要的金属。亚麻、棉布和羊毛都是常见的纺织材料，丝绸还没有出现。色彩斑斓的玻璃已经被制造出来了，但玻璃制品通常体积较小。尚未出现透明玻璃，人们还没有发现玻璃在光学上的应用。人们会用黄金填补牙齿，但尚未发明眼镜。

古老的底比斯文明或巴比伦文明与现代文明的一个最大的差异是没有货币。大多数交易仍然是以物易物。巴比伦在财政领域领先于埃及。金和银已经被锻造成金锭和银锭并用于贸易。在货币出现之前已经有了银行家，他们在这些贵重的金属块上印上自己的名字及其相应的重量。商人或旅行者会带着珍贵的宝石，以换取日常生活用品。大部分仆人和工人是奴隶，他们的工钱是物品而不是货币。随着货币的出现，奴隶制逐渐衰落了。

如果一名现代的游客来到这些古代的繁华都市，一定会十分想念两种重要的食物：鸡和鸡蛋。所以法国厨师在巴比伦得不到大显身手的机会。鸡和鸡蛋在亚述帝国的末期才从东方传到这里。

宗教也和其他领域一样有了重大的发展。活人祭祀的习俗早已消失了，动物和面粉做的假人代替了人牲。（不过腓尼基人和在非洲有大量殖民地的迦太基人中后来都被发现了活人祭祀的痕迹，后者尤甚。）古代的首领死亡后，依照习俗会牺牲他的妻妾和奴隶们陪葬，并在他的陵墓前折断长矛和弓箭，这样他在死后的世界里不至于无人陪伴和照料，也不会没有武器防身。这一黑暗的传统在埃及得到了改良，转而用房屋、商店、仆人和牛的模型进行陪葬，这些模型生动地展示了3 000年前古人们安逸的生活。

这便是雅利安人从北方袭来之前的古代世界。印度和中国也有着同步的发展。棕色人种在这两个国家的江河流域发展了农业，但印度的城邦不像美索不达米亚或埃及的城邦那样飞快地发展和兼并。印度城邦的发展程度更接近于古代苏美尔文明或美洲的玛雅文明。中国的学者们仍然在对历史进行现代化的整理，从中剔除不实的传说。这一时期的中国可能比印度更先进。在埃及第十七王朝的同一时代，中国正处于商代，天子统治着众多分散的诸侯国。早期君主的主要职责是举行祭祀，商代流传下来很多精美的青铜器，它们的美感和精致令我们不得不承认在商代之前中国已经经历了几个世纪的文明进程。

$19.$ 原始的雅利安人

4 000年前，即公元前2000年左右，欧洲的中部和东南部以及亚洲中部的气候大概更加温暖湿润，植被更加茂盛。一群金发碧眼的北欧人在这些地区流浪。从莱茵河到里海，他们说着只有些许变化的来源于同一种母语的语言，彼此之间保持着联系。当时的巴比伦正处于汉谟拉比的治理之下，埃及已经进入了农耕时代，正初次品尝到被外族攻占的痛苦。由于北欧人的数量并不多，他们还没有引起这些古代文明的注意。

这些北欧人注定将在世界历史上扮演重要的角色。他们生活在开放的草地或林间空地，一开始他们没有马，但已经学会了养牛。在流浪的时候他们把帐篷和其他行李放在牛车上，在居留时期他们会用泥巴搭建小屋。他们为重要人物举行火葬，而不是像深肤色的人们那样举行土葬仪式。他们把首领的骨灰装进瓮里，然后在骨灰瓮周围堆起圆形的土丘，这就是北欧随处可见的"圆冢"。在他们之前的深肤色人种不进行火葬，而是把死者以坐姿埋进长形的土丘，称为"长冢"。

雅利安人种植小麦，并使用耕牛，但他们不在农田附近定居，而是在丰收后搬到别处。他们使用青铜，约公元前1500年时他们发现了铁，或许发明了冶铁术。同样在这段时间他们驯服了马匹——一开始他们只用马来拉货物。他们的社会生活不像地中海沿岸的居民那样围绕神庙展开，首领也不是祭司。他们的社会等级是贵族制，而不重神权或王权。从最早期开始一些家庭就被认可为领导者和贵族。

他们是一群善歌舞的人，经常举办宴会来丰富生活，在人们喝得酩酊大醉之际，吟游诗人便会唱歌和诵诗。在没有与文明接触之前，吟游诗人的记忆于他们便是活生生的文学作品。将口语作为娱乐形式的做法使得他们的语言日渐精妙，成为表达感情的绝佳工具。雅利安语的衍生语言能取得主导地位无疑与此有关。每一个雅利安人都在吟游诗人的朗诵、史诗、传说和神话中学到了历史的结晶。

雅利安人社会生活的中心是首领的住宅。在他们的临时定居地，首领的门厅往往是宽敞的木建筑。当然他们也会搭建牲口用的小屋和耕农住的屋子，但对大多数雅利安人而言这个门厅才是中心，每个人都在这里享受宴会，聆听诗人的朗诵，参与游戏和讨论。门厅的周围是牛棚和马厩。首领和他的妻子等人睡在高台上或楼上，其他人则像印度居民一样席地而卧。除了武器、饰品、工具等私人物品之外，其他则是部落的共有财产，他们实行着一种类似共产主义的族长制。首领为公共利益管理着牛群和牧草，那时的森林和河流还没有得到开发。

这便是雅利安人的生活方式。当美索不达米亚文明和尼罗河流域的文明在发展时，欧洲中部和亚洲中西部的雅利安人也在发展壮大，并且我们发现在公元前2000年左右，雅利安人冲击着世界各地拥有日石文化的民族。他们向法国、英国和西班牙迁移，并且分两次西进。首次到达英国和爱尔兰的雅利安人装备着青铜武器。他们灭绝或征服了在布列塔尼建造了卡尔纳克方尖碑和在英格兰的埃夫伯里建造了巨石阵的当地居民。在爱尔兰他们被称为戈伊德尔族的凯尔特人。第二批到达的雅利安人相互之间的血缘关系很近，他们也许和其他民族混血，并把铁器带入了大不列颠，被称为布立吞族的凯尔特人。威尔士人从他们的语言里发展出了自己的语言。

同族的凯尔特人向南进入西班牙，不仅接触到当地日石文化的巴斯克人，还接触了腓尼基人的海边殖民地。一些相互密切联系的部落，深入了森林茂盛的意大利半岛。他们没有一直进行征服。罗马于公元前8世纪建立，它是台伯河边的一座贸易城镇，居住在罗马的雅利安族拉丁人受到伊特鲁里亚的贵族和国王的统治。

在另一端，一些类似的雅利安部落也在向南推进。早在公元前1000年前，说梵语的雅利安人便从西方进入了印度北部。他们接触到了深肤色人种的原始文化——达罗毗荼文化，并从中学习了大量成果。其他雅利安部落分布在中亚的山区，并向东迁移到如今的活动范围。土耳其斯坦东部仍然有着金发碧眼的雅利安人的部落，但如今他们说蒙古语。

公元前1000年前，在黑海和里海之间，古代的赫梯人与亚美尼亚人相互融合，并受到了雅利安文化的影响。亚述人和巴比伦人已经知道东北边境出现了一群好战的野蛮人，这些部落中名气比较响亮的有塞西亚人、米提亚人和波斯人。

雅利安部落首次直击古老文明的心脏是在巴尔干半岛。公元前1000年前，他们已经南下进入了小亚细亚地区的很多国家。在第一批部落中弗里吉亚人最为显赫，后来伊欧里斯人、爱奥尼亚人和多利安的雅典人也相继到来。到公元前1000年为止，他们已经消灭了希腊本土和大部分希腊岛屿上的古代爱琴海文明。迈锡尼和梯林斯遭到了毁灭，克诺索斯几乎被历史所遗忘。在公元1000年以前希腊人已经开始了航海活动。他们在克里特岛和罗德岛上定居，并模仿遍布于地中海沿岸的腓尼基贸易都市在西西里和意大利南部建造殖民地。

当提格拉特帕拉沙尔三世[①]、萨尔贡二世和萨丹纳帕露斯统治着亚述并与巴比伦、叙利亚和埃及交战时，意大利、希腊和波斯北部的雅利安人正在学习和吸纳古代文化。从公元前9世纪开始，之后的6个世纪的历史主题都在讲述这些雅利安人如何发展壮大并最终征服了包括闪米特文明、爱琴海文明和埃及文明在内的整个古代世界。雅利安人虽然最终取得了胜利，但他们在胜利之后与闪米特人和埃及人在思想和生活方式等领域的争斗仍然持续了很长时间。这种斗争甚至一直从古代延续到了今天。

---

① 提格拉特帕拉沙尔三世（Tiglath-Pileser Ⅲ，？—前727年），亚述国王（前745—前727年在位），巴比伦国王（前729—前727年在位），提格拉特帕拉沙尔三世是亚述新王国时期最重要的君主之一，经过他的努力，亚述国家再次从衰弱走向强盛。——译者注

20. 晚期的古巴比伦王国和大流士一世帝国

我们已经提到了亚述是如何在提格拉特帕拉沙尔三世和篡位者萨尔贡二世的统治下获得强大的军事力量的。萨尔贡不是他的本名，为了迎合巴比伦人，他沿用了两千年前的阿卡德帝国创始人萨尔贡一世的名字。巴比伦虽然已被征服，却仍然比尼尼微拥有更多的人口和更大的影响力。巴比伦供奉的神灵马尔杜克，以及商人和祭司们都得到征服者的尊重。公元前8世纪的美索不达米亚早已抛弃了野蛮时代的作风，战败的城市不再遭受劫掠和屠杀。征服者们采用怀柔政策以争取民心。新亚述帝国在萨尔贡之后延续了一个半世纪，亚述巴尼帕（萨丹纳帕露斯）至少控制着下埃及[①]。

然而亚述帝国的实力和凝聚力迅速衰退。在法老萨姆提克一世的带领下埃及人奋力反抗，推翻了异族统治者。尼科二世对叙利亚发动了战争。当时亚述正在与邻国交战，并且处于劣势。来自美索

[①] 古埃及分上下两部分。——译者注

不达米亚东南部的一个闪米特族部落——迦勒底人联合雅利安米提亚人和东北的波斯人共同对抗尼尼微，并于公元前606年占领了这座城市。至此我们终于开始了确切的纪年。

亚述的领土被瓜分。在基亚克萨雷斯的统治下，北部建立起米底王国。王国包含了尼尼微城，首都是埃克巴坦那。王国东至印度边境。在它的南边是一个新建立的迦勒底王国即巴比伦第二帝国，它的国土呈新月形，在尼布甲尼撒大帝（《圣经》中记载的尼布甲尼撒）的治理下达到了高度的繁荣和强大。巴比伦最大的也是最终的繁盛时期开始了。米底王国和巴比伦第二王国维持了一段时间的和平状态，尼布甲尼撒的女儿嫁给了基亚克萨雷斯。

与此同时，尼科二世在对叙利亚的进攻中占据着上风。公元前608年，尼科二世在美吉多之战中打败并杀死了犹太国王约西亚，如今我们对这个小国有了更多的了解。尼科二世乘胜进军幼发拉底流域，在那里他面对的不是颓废的亚述王国，而是新生的巴比伦王国。迦勒底人与埃及人展开了激烈的交战。尼科的军队被击溃，他不得不退回埃及，巴比伦的疆域拓展到了古埃及边境。

公元前606—公元前539年，巴比伦第二王国一边与北方强大的米底王国维持着表面的和平，一边发展壮大。在这67年间除了人口显著增长，这座古城的文化事业也得到了发展。

早在亚述君主的统治时期，尤其是萨丹纳帕露斯时期，巴比伦已经拥有丰富的文化活动。萨丹纳帕露斯虽然是亚述人，却受到巴比伦文化的深刻影响。他建立了图书馆，馆内收藏的不是纸质书籍而是早期苏美尔人所使用的泥板。他的藏书被挖掘出来，成为最珍贵的史料。最后一任迦勒底君主那波尼德甚至更加热衷于文学。他资助了古文物的研究，当研究者们查明了萨尔贡一世的即位时间时，他曾刻下铭文作为纪念。他的帝国出现了很多分裂的迹象，为了强化中央集权，他在巴比伦建立了很多供奉各地神灵的庙宇。这一措施在后来的罗马人那里取得了很好的效果，然而在巴比伦却引发了供奉马杜克的强大的祭司群体的嫉妒。他们希望由统治者临近的米底王国的波斯王塞勒斯取代那波尼德的统治。塞勒斯由于战胜了小亚细亚东部富饶的吕底亚的克里萨斯王而声名远扬。他开始进攻巴比伦。公元前538年，塞勒斯率军来到巴比伦城外，城门向他敞开，他的士兵没有遭遇任何抵抗便进入了城内。据《圣经》记载，那波尼德的继任者伯沙撒正在举行宴会，忽然出现一只手，用火焰在墙上写下一行神秘的文字："弥尼，弥尼，提克勒，乌法珥新。"先知但以理解释道："上帝已经定下了时限，你的王国气数已尽，你在天平上的分量不足，你的王国被分给了米底人和波斯人。"供奉马杜克的祭司们或许知道墙上的字是怎么回事。《圣经》中提到伯沙撒当晚被杀。那波尼德被俘房，塞勒斯对巴比伦的占领十分顺利，对马杜克的供奉毫无间断地进行着。

于是巴比伦帝国和米底帝国合二为一。塞勒斯的儿子冈比西斯征服了埃及。后来冈比西斯发了疯，意外被杀害，并由大流士一世继位。他的父亲西斯塔斯普曾是塞鲁斯的主要谋士。

大流士一世治理下的波斯帝国是旧文明世界里的第一个雅利安帝国，也是当时最伟大的帝国。它囊括了小亚细亚和叙利亚全境、亚述帝国和巴比伦帝国全境、埃及、高加索和里海地区、美地亚、波斯，一直延伸到印度河。马匹、骑士、战车与道路的修建使得如此庞大的帝国得以建立。在当时，驴、牛和沙漠里的骆驼是最快捷的交通工具。波斯的统治者为了巩固统治，下令修建主干道路，并随时为帝国信使和有官方许可的旅行者准备好马匹。此外，货币开始流通，极大地促进了贸易的发展和交流。但波斯帝国的首都不再是巴比伦。马杜克祭司们的叛国行为并没有为自己带来长远的利益。巴比伦仍然占据着重要的地位，却正在走向衰败。新帝国的重要城市是波斯波利斯、苏萨和埃克巴坦那，首都是苏萨。尼尼微已经变成了废墟。

21. 犹太人的早期历史

现在，让我们来讲讲希伯来人。他们属于闪米特族，虽然在古代默默无闻，却对后世留下了深远的影响。在公元前1000年前，希伯来人早已定居在朱迪亚，当时的首都是耶路撒冷。朱迪亚的南部与埃及接壤，北部与叙利亚、亚述和巴比伦等国接壤，它的命运与南北两个相邻的大帝国交织在一起。希伯来人的国家成了这些后来势力与埃及之间的必经通道。

希伯来人对世界的影响在于他们创作了被基督教徒称之为《旧约》的希伯来《圣经》，或书于公元前4世纪或5世纪，内容涵盖了世界历史、法律典章、年代记、赞美诗、箴言书、诗歌、小说和政治言论等。

这部作品可能最早出现在巴比伦。我们已经讲过法老尼科二世如何在亚述与米底、波斯和迦勒底等国交战时进攻亚述帝国的。犹太王约西亚率军抵抗，并于公元前606年在美吉多战败身亡。犹太国成了埃及的附属国。巴比伦的新国王尼布甲尼撒二世打败了尼科二世后，在耶路撒冷扶持傀儡王以获取对犹太国的统治权。这一手段失败了，人民处死了他扶持的官员。由于犹太国一直是导致埃及和北方诸国纷争的原因，尼布甲尼撒二世最终决定彻底毁灭它。耶路撒冷被洗劫一空，国王下令放火屠城，幸存的人民被俘虏并押送到巴比伦。

此后希伯来人一直生活在巴比伦，直到公元前538年塞勒斯占领巴比伦，把希伯来人送回故乡。他们重建了城墙和耶路撒冷的神庙。

在此之前的犹太人并不是一个文明程度很高的有团结精神的民族，也许只有少数人会读书写字。在他们自己的历史中从未记载过早期的《圣经》，最早的书籍出现于约西亚的时代。成为巴比伦的俘虏后他们接受了文化的熏陶，变得更加团结。重返故乡的犹太人拥有了自己的文学和强烈的自觉与政治意识。

当时的《圣经》只包含了《摩西五经》，即我们熟悉的《旧约》的前五章。除此之外，他们还创作了很多独立的书籍，如年代记、赞美诗和谚语等。这些作品后来与《摩西五经》合并，逐渐形成了今天的希伯来《圣经》。

《圣经》以《创世纪》开篇。其中记载了亚当、夏娃和大洪水的故事，与巴比伦传说中的记载很像。这些传说似乎是闪米特人共同的信仰。而摩西与参孙的故事则与苏美尔人和巴比伦人的传说很像。从亚伯拉罕的故事开始终于出现了一些犹太民族的特点。

亚伯拉罕可能生活在汉谟拉比统治下的巴比伦。他是族长制时期的闪米特游民。我们能从《创世纪》中了解到他在流浪时期的故事、关于他的子孙后代的故事，以及他们如何被埃及俘虏的故事。《圣经》里记载，当他流浪到迦南时，上帝便把这座繁荣的城市赐给了他和他的子孙们。

亚伯拉罕的子孙在埃及停留了很长时间，又在摩西的领导下在野外流浪了50年，其间他们已扩大为12支部落。公元前1600年至公元前1300年左右，他们从阿拉伯沙漠向东进攻迦南。有关这段时期的摩西和迦南的情况的记录，并没有在埃及的历史上留下相关的资料。最终他们只占领了这片承诺之地周围的一些丘陵，除此并无其他收获。这时沿海地区的统治者不是迦南人，而是新来的爱琴海人和腓力斯人。他们掌管的加沙、迦特、阿什杜德、阿斯卡隆和桥帕等城市成功地抵挡了希伯来人的进攻。长期以来亚伯拉罕的子孙一直默默无闻地生活在山区，不断地与腓力斯人以及摩押人和米甸人等同族的部落发生冲突。《士师记》中记录了犹太人在这段时期的挣扎与他们经历的灾难。

在这段时期的大部分时间，犹太长老们会挑选出士师作为领袖，士师的职责与祭司相似。在公元前1000年左右，他们选出了一名国王——扫罗来带领他们作战。然而扫罗的领导没有比士师们高明多少，在基立波战役中，扫罗中箭身亡，他的盔甲被腓力斯人放进了维纳斯神殿，他的尸体被钉在伯珊的城墙上。

扫罗的继位者大卫是一名比他更成功的政治家。在大卫的治理下，希伯来人迎来了唯一的繁盛时期。他们与腓尼基城市提尔结成密切的联盟，提尔王海勒姆是一个足智多谋、积极进取的人。他希望在希伯来山区建立通往红海的贸易路线。腓尼基人通常经过埃及与红海地区进行贸易，然而当时的埃及正处于动乱之中，并且这条线路上可能存在着其他的阻碍。总之，海勒姆与大卫和他的儿子所罗门都建立了紧密的联系。在海勒姆的帮助下，耶路撒冷建起了城墙、宫殿和神庙，作为回报海勒姆的船驶入了红海。耶路撒冷南北部之间的贸易路线开通了。所罗门统治下的犹太人享受到前所未有的富裕生活。法老甚至把女儿嫁给了所罗门。

然而鼎盛时期的所罗门也只是附属于帝国的一座小城的王，他的权力十分短暂。在他死后的几年里埃及第二十二王朝的第一任法老示撒便占领了耶路撒冷，掠夺了大量财物。《列王记》和《历代记》里描述的所罗门时代的辉煌受到了很多评论家的质疑。他们认为后代的作者们出于爱国情和荣誉感而进行了夸张的描写。然而仔细研究《圣经》里的描述就会发现这些内容并不像第一次阅读时那么令人惊叹了。按照尺寸计算，所罗门神殿其实比郊区的小教堂还小。亚述的石碑上记载了所罗门的后继者亚哈派出两千辆战车对抗亚述的军队，与之相比所罗门的一千四百辆战车则有些失色了。《圣经》中还清楚地记载了所罗门生活的奢侈，对人民课以重税并施加繁重的徭役。在他死后，王国的北部地区摆脱了耶路撒冷的控制，成为独立的以色列王国。耶路撒冷仍是犹太国的首都。

希伯来人的繁荣生活是短暂的。海勒姆死后，提尔不再资助耶路撒冷。埃及再次崛起。以色列和耶路撒冷成了先后夹在北方的叙利亚、亚述、巴比伦和南方的埃及之间的两个小国。希伯来人的生活不断处于灾难之中，仅偶有短暂的平静。这是在野蛮的国王统治下的未开化的民族。在公元前721年，亚述攻占了以色列，以色列人消失在历史的长河中。犹太国勉强延续到公元前604年，最终迎来了和以色列同样的命运。《圣经》中记载的始于士师时代的希伯来历史在细节上也许存在着争议，但整体上与19世纪对埃及、亚述和巴比伦的考古活动中发掘出的证据一致，具有真实性。

希伯来人在巴比伦整理出了自己的历史，并发展了自己的传统。在塞鲁斯的命令下回到耶路撒冷的人们在精神层面上与之前大不相同了。他们掌握了文明。在希伯来人独特的民族性格的发展过程中，一些人起到了重要的作用，他们就是新兴的先知们，我们必须对此加以注意。先知的出现标志着人类社会的稳定发展中出现了一股新的力量。

22. 犹太的牧师与先知

　　亚述和巴比伦的覆灭只是闪米特人即将面对的一系列灾难的开端。在公元前7世纪，闪米特人似乎注定将统治整个文明世界。他们统治着伟大的亚述帝国，并且征服了埃及。亚述人、巴比伦人和叙利亚人，说着相互可以理解的闪族语言。世界的贸易掌握在闪米特人手中。提尔、西顿等腓尼基沿岸的摇篮城市在西班牙、西西里和非洲建立了殖民地，这些殖民地的规模后来发展得更大。建立于公元前800年以前的迦太基的人口增长到100万以上，它是当时世界上最强大的城市。迦太基的船只驶入了不列颠和大西洋，可能还抵达了马德拉群岛。我们已经知道了海勒姆曾为了与阿拉伯和印度进行贸易而与所罗门合作在红海边建造船只。在法老尼科的统治时期，一支腓尼基探险队绕非洲航行了一圈。

　　那时的雅利安人尚未开化。只有希腊人在被他们攻占的废墟上建立了新的文明。根据一段亚述铭文的记载，米提亚人开始在中亚"崛起"。公元前800年，没有人能预见到公元前3世纪，所有的闪族文明都将被雅利安人征服，闪米特人将沦为属民或流离失所。除了阿拉伯北部的沙漠，贝多因人在那里延续着游牧式的生活，这种生活在萨尔贡一世率领阿卡德人征服苏美尔地区之前便早已形成。阿拉伯的贝多因人从未被雅利安人征服。

在这多灾多难的5个世纪里，闪族文明遭遇了毁灭性的打击，其中只有一个民族保留下了古老的传统，那就是被波斯王塞勒斯遣送回耶路撒冷重建家园的犹太人。他们之所以得以保留自己的文化，是因为他们在巴比伦完成了一部经典著作——《圣经》。与其说是犹太人创作了《圣经》，不如说是《圣经》塑造了犹太文明。这部《圣经》中记载的一些观点与周围民族对他们的看法不同。在之后的25个世纪里，这些思想激励着他们度过艰难、险阻和迫害。

犹太人的观点中最重要的是全知全能的上帝住在遥远而不可见的天边。其他民族的神都是有形象的，住在神殿里。如果神的雕塑被打碎，神殿被夷为平地，那么所谓的神灵也将化为乌有。然而犹太人的上帝住在天堂里，远离牧师和祭品，这是一种新奇的思想。犹太人相信他们是上帝的选民，上帝要他们把耶路撒冷重建为世界正义的中心。他们因为共同的使命而自豪。在他们摆脱了巴比伦的桎梏，重返耶路撒冷后，这一信仰牢牢地印在了所有犹太人的心中。

巴比伦人、叙利亚人和后来的腓尼基人都说着相似的语言，并且拥有很多共同的习俗、喜好和传统。因此他们都受到犹太宗教的鼓舞，并且希望加入其中，分享神的恩典就不是什么奇迹了。在提尔、西顿、迦太基和西班牙的腓尼基城市相继陷落之后，腓尼基人忽然退出了历史舞台。我们忽然在腓尼基人踏足过的所有地方都发现了犹太群体，包括西班牙、非洲、埃及、阿拉伯和东方。他们都被《圣经》团结在了一起。耶路撒冷只是名义上的首都，真正的中心是《圣经》。这种情况在历史上第一次出现，早在苏美尔人和埃及人开始把图画发展为象形文字时就早已播下了种子。犹太人是一个新兴的民族，他们没有国王也没有神殿（耶路撒冷于公元70年被毁）。他们仅靠文字的力量来克服彼此的差异并凝聚在一起。

犹太人的这种思想凝聚力不是由祭司谋划的，也不是由政治家实现的。伴随着犹太人的发展，历史上不仅出现了一个新的群体，也出现了一种新的人类。所罗门时期的希伯来人和其他弱小的民族一样簇拥在王宫和神殿周围，受到祭司的智慧和国王的野心的领导。然而读者们可以从《圣经》中了解到一个新兴的群体，那就是先知。

随着散落于各地的希伯来人遭遇的苦难日益加剧，先知也变得更为重要了。

这些先知是什么人呢？他们的起源各不相同。先知伊齐基尔原本是牧师，而先知阿摩司曾是牧羊人，但他们都有一个共同点，那就是只效忠于正义的上帝并且他们直接与人民对话。他们无须取得资质，也不举行神秘的仪式。"神的旨意降临于我"是他们的口头禅。他们积极开展政治活动，劝告人民反抗埃及、亚述和巴比伦，称它们"不可靠"；他们谴责祭司阶级的懒惰和国王的恶行。一部分先知转而关注如今我们所说的"社会改革"。有钱人"在吸穷人的血"，他们过着奢侈的生活，穷人的孩子们却没有面包吃；富人结交外邦人并模仿他们的奢侈和陋习；这是被亚伯拉罕的神耶和华所唾弃的，神必将降下惩罚。

先知们的劝诫被记录下来，得到了保存和研究。无论犹太人走到哪里都随身携带着这些书籍，并传播着新的宗教。他们带领普通人跨越了祭司和神殿，也跨越了宫廷和国王，带领普通人直面正义的法则。这就是他们在人类历史上的重要性。以赛亚的伟大预言将全世界统一起来，一起信仰同一个神。犹太预言在这里达到了巅峰。

不是所有的先知都能保持客观，明智的读者将在预言书中读到很多带有仇恨和偏见的内容，使人联想到当代的政治宣传。尽管如此，巴比伦统治下的希伯来先知们标志着一股新势力的出现。这股势力便是个人的道德诉求，它以自由意志来反抗一直束缚着人类的盲目的牺牲与奴性的忠诚。

23. 希腊人

在所罗门（他的统治时期在公元前960年左右）之后，分裂了的以色列和犹太国经历着毁灭和流亡。犹太人民正在巴比伦的统治下发展着自己的传统，与此同时，另一股势力——希腊文明也正在崛起。当希伯来的先知正在人民和永恒普世的上帝之间建立直接的道德责任感时，古希腊的哲学家们则在用理性的探索来训练人类的思维。

我们之前讲过希腊部落是雅利安人的一个分支。他们在公元前1000年以前来到了爱琴海流域及附近的岛屿上。在法老图特摩斯三世攻占了幼发拉底河流域并在那里猎到第一头大象之前，希腊人可能已经开始南下。那时候美索不达米亚已经有了大象，希腊有了狮子。

希腊人可能毁灭了克诺索斯，但并没有记载着这一胜利的希腊传说，尽管有的故事描述了米诺斯和他的宫殿（米诺斯的迷宫），以及克里特工匠的精湛技艺。

希腊人像大部分雅利安人一样有着歌手和诵诗人，他们的表演是重要的社会纽带。希腊人从远古时期流传下来两部伟大的史诗：《伊利亚特》讲述了希腊部落联盟如何围攻和洗劫小亚细亚的特洛伊城，《奥德赛》讲述了足智多谋的俄底修斯从特洛伊返回故乡的冒险故事。这两部史诗记录于公元前8世纪到7世纪间，那时希腊人从文明程度更高的邻国那里习得了字母表，但它们的创作时间应该更早。过去人们认为它们的作者是盲诗人荷马，他像弥尔顿创作《失乐园》一样创作了史诗。然而荷马是否真的存在，以及他究竟是史诗的创作者还是仅仅是一个记录者并对其进行了润色，这些都是学者们津津乐道的话题。我们在此无须计较这些问题。从我们的角度来看，重要的是希腊人在公元前8世纪时便有了两部史诗，它们是连接了各个部落的共有财富，并给与了他们其他外邦人没有的归属感。他们是由口头和书面语言联系在一起的同族人，他们有着同样的勇气和品行。

史诗中记载的希腊人尚未开化，他们没有铁器，没有文字，也没有在城市里定居。他们在毁灭了爱琴海沿岸的城市后最初住在这些城市的废墟外，在首领的门厅周围搭起一座座小屋，形成了开放式的村落。随后他们开始修建城墙，并像他们征服的民族那样修建神殿。据说原始文明中先有了部落神灵的祭坛，后有了城墙。而在希腊文明中城墙的出现要早于神殿。希腊人开始了贸易，并进行着殖民活动。到公元前7世纪时，希腊的山谷和岛屿上已经兴起了一连串的城市，其中主要有雅典、斯巴达、科林斯、底比斯、萨摩斯、米利都等，在此之前的爱琴海城市和文明已经被人遗忘了。在黑海沿岸、意大利和西西里岛上已经有了希腊人的定居地。马赛就是建立在一座腓尼基殖民地旧址上的希腊城镇。

建在广阔的平原上或幻发拉底河、尼罗河等作为主要交通方式的河流附近的新兴国家倾向于团结在共同的法则之下。例如，埃及的城市和苏美尔的城市都受到一个政府体系的掌管。然而希腊人被岛屿和山谷分隔开来，希腊本土和所谓的"大希腊"都拥有众多山地，于是政治上的发展则与埃及、苏美尔等地完全相反。希腊在建立初期便分为一些彼此独立的小城邦，就连城邦居民的种族都各不相同。一些城邦的人口主要由爱奥尼亚人、伊奥利亚人或多利安人等希腊部落组成；还有一些城邦的人口由希腊人和更早的"地中海人"混合构成；在斯巴达等城邦，希腊自由公民统治着被征服的奴隶。一些城邦里古老尊贵的雅利安家庭逐渐成为上层阶级；一些城邦实行全体雅利安公民的民主制；一些城邦的国王是由选举或继承产生的；一些城邦的国王则是篡位者或暴君。

希腊的地理形势使得希腊的城邦分散且数量众多，同样也使得城邦保持着较小的规模。最大的城邦比英国的很多郡还小，我们怀疑没有一座城邦的人口能达到30万人，甚至连超过5万人的城邦都很少见。城邦之间虽然维持着利益和感情上的联系，但彼此保持着独立。随着贸易的发展，城邦间建立起联盟和同盟，小城邦寻求着强大城邦的保护。然而所有的希腊人是由两件东西带来的归属感而联系在一起的，那就是史诗和每隔四年在奥林匹亚举办的运动会。这并不能阻止战争和纠纷，但却在一定程度上缓和了战争的残酷，并且参加运动会的旅行者会受到停战协议的保护。随着时间流逝，人们对共同的传统的渴求日益强烈，越来越多的城邦参与奥林匹克竞技，最后不只是希腊人，甚至连附近的同族国家如伊庇鲁斯和马其顿都派出选手参赛。

公元前7世纪到公元前6世纪，希腊城邦间的贸易往来日益频繁，政治地位也在逐渐提高，希腊文明的整体素质在稳步发展。希腊文明的社会生活与爱琴海文明和河谷文明相比有很多有趣的不同点。他们建造了壮丽辉煌的神殿，但祭司却不像在古老文化中承担了唯一的知识载体的作用。他们有统治者和贵族，却没有坐在富丽堂皇的宫殿之上的神圣的君主。希腊的政治结构更像是贵族制，地位显赫的家族彼此相互制约。就连他们所谓的"民主"也是贵族式的，每一位公民都有权参与政治事务和参加民主集会，但不是所有人都是公民。希腊民主不像现代民主一样每个人都拥有投票权。许多希腊民主社会里有一百位或几百位公民，以及成千上万的奴隶和自由民，他们是没有参与公共事务的权力的。希腊的事务通常掌握在公民议会手中。国王和暴君们只是获取或夺取了领导权，他们不像法老、麦诺斯或美索不达米亚的君主那样神圣不可侵犯。希腊的思想自由和政治自由是其他古代文明中前所未见的。希腊将北方游牧民族的个人主义和自我主动权引入了城邦。他们是历史上最早拥有重要性的共和主义者。

我们发现随着希腊人逐渐从野蛮的战争状态里挣脱出来，在他们的精神生活领域出现了一种新现象。一些希腊人虽然不是祭司，却在探求和记录知识，不断探索生命与存在的谜团。在此之前这一直是祭司的崇高使命与国王的特权。在公元前6世纪，以赛亚仍然在巴比伦传教时，便有一些独立的人对我们生存的世界提出犀利的问题，探求世界的本质、本源和命运，拒绝一些现成的与避重就轻的回答，这些人之中包括米利都的泰勒斯和阿那克西曼德和以弗所的赫拉克利特。我们后面还会更加详细地介绍希腊人提出的这些关于宇宙的问题。这些在公元前6世纪崭露头角的希腊的探寻者就是世界上最早的"热爱智慧的人"——哲学家们。

我们需要注意公元前6世纪在人类历史上的重要性。不仅有希腊哲学家开始探寻宇宙本源和人类在其中的位置，以赛亚把犹太先知的预言发展到了至高的地位，还有印度的乔达摩悉达多与中国的孔子和老子。从雅典到太平洋沿岸，人类的思维都得到了活跃的发展。

24. 希波战争

　　位于希腊、意大利南部和小亚细亚等地的希腊人正在自由地探寻智慧，巴比伦和耶路撒冷残存的犹太人在为人类建立道德观，与此同时，两个热爱冒险的雅利安民族——米底人和波斯人已经掌握了古代世界的文明，他们正在建立一个伟大的波斯帝国，它的规模远超在那之前的所有帝国。塞勒斯在位时期，巴比伦和富饶古老的吕底亚文明被并入了波斯，腓尼基城市勒旺和小亚细亚的所有希腊城邦都成了波斯的附属国，冈比西斯征服了埃及，到第三任统治者大流士一世时期（公元前521年），似乎整个世界都被波斯纳入囊中。信差把他颁布的法令从达达尼尔海峡传到印度河，再从上埃及传到中亚。

　　实际上，意大利、迦太基、西西里和西班牙等欧洲地区的希腊人没有处于波斯的统治之下，但他们对波斯心怀敬畏。唯一在惹麻烦的是俄罗斯南部和古老的北欧部落，塞西亚人经常骚扰波斯的北部和东北部边境。

　　如此庞大的波斯帝国的人口当然不全是由波斯人组成。征服了庞大帝国的波斯人只占少数。其余的人口则在波斯人到来之前便一直存在着。波斯语是官方语言。贸易和财政仍然主要由闪米特人控制，提尔和西顿与过去一样是地中海上繁荣的港口，闪米特的商船在海上来来往往。许多闪米特商人在往来间已经从希伯来的传统和希伯来《圣经》中发现了感同身受的共同的历史。波斯帝国中的希腊元素正在迅速增多。希腊人在海上成为闪米特人真正的对手，他们积极的理性使得希腊官员办事高效并且公正。

大流士一世由于塞西亚人的缘故而攻打欧洲。他想到达塞西亚骑兵的故乡，俄罗斯南部。他率领大军穿越博斯普鲁斯海峡，经过保加利亚来到多瑙河边，他命人把很多船连起来做成桥，从而横渡多瑙河，继续向北前进。他率领的主要是步兵，塞西亚骑兵从侧翼绕到后方，切断了他们的补给，将他们杀得片甲不留。战争没过多久便结束了，大流士不得不狼狈地撤退。

在返回苏萨之前，他在色雷斯和马其顿留下了一支军队。马其顿向大流士臣服。这次战败之后，一些亚洲的希腊城市爆发了叛乱。欧洲的希腊人也被卷入了战火。大流士降服了欧洲的希腊人。在腓尼基舰队的帮助下他接连征服了一个又一个岛屿，最终于公元前490年对雅典发起进攻。一支无敌舰队从小亚细亚和地中海东岸的港口出发，抵达雅典以北的马拉松城。在那里，他们遭到了雅典人的抵抗，遭到重创。

这时发生了一件无与伦比的事情。雅典在希腊诸城之间最大的敌人是斯巴达，但为了避免使希腊人沦为外族的奴隶，雅典派出一名跑得飞快的信使向斯巴达请求支援。这名信使就是最早的"马拉松"跑者，他在不到两天的时间内跑完了100英里的坎坷小路。斯巴达迅速派出大批援军，然而当3天后援军抵达雅典时，战争已经结束了，战场上遍布着波斯士兵的尸体。波斯舰队撤回了亚洲，对希腊的第一次进攻就这样结束了。

第二次进攻则效果显著。大流士在收到马拉松战役失败的消息不久后便去世了，他的儿子薛西斯继位，并为摧毁希腊进行了长达4年的准备。恐惧将希腊人团结在一起。薛西斯集结了有史以来规模最大的军队，但军中充满了不和谐因素。公元前480年，这支军队在船上搭桥渡过了达达内尔海峡。军队在陆上前进的同时，一支规模毫不逊色的舰队沿岸运输着补给物资。列奥尼达率领1 400名斯巴达人在温泉关迎击波斯大军，在无比英勇的抵抗之后全军覆没。每一个斯巴达士兵都战死了，但他们给波斯军队造成了巨大的打击。受到重创的波斯军队前进到底比斯和雅典。底比斯投降并与波斯议和。雅典人弃城逃跑，雅典被焚毁。

希腊似乎已是征服者的囊中之物，然而胜利再次意想不到地降临了。希腊舰队虽然规模不及波斯舰队的1/3，却在萨拉米斯湾击败了后者。薛西斯和他的大军被切断了补给，终于失去了斗志。他带着一半的军队回到了亚洲，剩下的一半于公元前479年在普拉提亚被击败。同时，希腊人在小亚细亚的麦卡利消灭了残余的波斯舰队。

波斯的威胁终于结束了。亚洲的大部分希腊城市得到了解放。这段历史在第一部历史著作希罗多德的《历史》中得到了生动详细的描写。公元前484年，希罗多德出生于小亚细亚的一个爱奥尼亚城邦哈利卡那索斯，他曾为搜集准确的史料而拜访巴比伦和埃及。在麦卡利战役失败后，波斯陷入了一系列困境。薛西斯于公元前465年遇刺身亡，埃及、叙利亚和美地亚相继爆发叛乱，动摇了帝国的统治秩序。希罗多德的《历史》强调了波斯的弱点。这部历史以今天的眼光来看就像一本宣传册——为了使希腊人统一起来抗击波斯而进行的宣传。希罗多德笔下的人物阿里斯塔格拉斯带着一张世界地图来到斯巴达人面前，对他们说："这些野蛮人在战斗中并不英勇。而你们却是最骁勇善战的士兵。他们拥有的财富全世界无人能匹敌：黄金，白银，青铜，锦衣，牲畜和奴隶。如果你们想要，就都是你们的。"

25. 希腊的辉煌

波斯战败后的一个半世纪是希腊文明的辉煌时期。希腊正处于雅典、斯巴达和其他城邦之前的权力斗争（公元前431年至公元前404年的伯罗奔尼撒战争）之中，在公元前338年，马其顿成为希腊的霸主。尽管如此，这段时期，希腊的艺术创造力达到了极高的境界，成为人类历史上的一盏明灯。

雅典是文化活动的中心。伯利克里统治雅典长达30年（公元前466年到公元前428年），他带着无限的活力与开阔的思想重建了被波斯人摧毁的雅典。如今雅典遗留下来的美丽的废墟主要是伯利克里的成果。他不仅重建了雅典的建筑，还复兴了雅典人的精神。他不仅聚集了建筑师和雕刻家，还找来了诗人、剧作家、哲学家和教师。希罗多德在公元前438年来到雅典讲述他的历史著作。阿那克萨戈拉带来了关于太阳和星星的初步的科学描述。埃斯库罗斯、索福克勒斯和欧里庇得斯相继把古希腊戏剧发展到了至高至美的境界。

尽管伯罗奔尼撒战争破坏了希腊的和平，引发了一场为争夺霸权而进行的漫长的战争，伯利克里为雅典人的精神生活带来的活力一直持续到他死后。政治上的黑暗似乎没能阻止人们对精神生活的追求，反而促进了文化事业的发展。

早在伯利克里之前，由于雅典的政治自由，辩论技巧成为希腊一门重要的学问。决策机构不是国王或祭司，而是公民大会，因此修辞和辩论成为备受欢迎的技能。于是出现了一个教师阶级——智者，他们负责向年轻人传授这些技能。智者的议论不是空洞无物的，他们的演讲丰富了希腊人的知识。这些智者的活动与辩论自然导致了对各种修辞风格、思想方式和辩论的有效性的深入研究。然而智者传授的很多知识是错误的论点，在伯利克里死后，苏格拉底成为打击错误论点的卓越人物。一群杰出的年轻人聚集在苏格拉底身边。最终苏格拉底在公元前339年因"败坏人民的思想"而被处死。按照雅典当时的习俗，他在自己家中和朋友们的陪伴下饮下毒酒，有尊严地离开了人世。然而对人民的思想的"败坏"并没有随着他的死亡而消失，他的学生们传承了他的教诲。

这些学生当中的首要人物是柏拉图（公元前427—公元前347年）。他建立了学院，并在学院中讲授哲学。他主要传授两方面的知识：对人类思维的本质与方法的研究和对政治制度的研究。他是第一个在笔下描绘乌托邦的人，他设想了一个比所有现存社会更好的理想社会。相比于毫无疑问地接受了现存的社会制度与传统的人而言，柏拉图无疑是十分大胆的。柏拉图清楚地告诉人们："你们经历的大部分社会和政治上的不公都是你们可以控制的，只要你们拥有改变现状的意志和勇气。如果你们勤于思考并付出努力，你们就能生活在更好的社会中。你们还没有意识到自己的力量。"这一大胆的教诲尚未被人类的共同智慧所吸收。他在早期作品《理想国》中表达了对一种共产的贵族制社会的梦想。他的最后一部未完成的作品是《律法》，其中规定了另一个乌托邦国家的法律制度。

柏拉图死后，他的学生亚里士多德继承并在学院传授着他对思维方式的批判和政府形式的构想。亚里士多德来自马其顿的城市斯塔吉拉，他的父亲是马其顿国王的御医。亚里士多德曾担任国王的儿子亚历山大的老师，我们很快会讲到亚历山大的成就。亚里士多德关于思维方式的著作将逻辑学发展到了极高的程度，此后1 500年无人能够超越，直到中世纪时学者们才开始重新研究这些问题。他没有提出乌托邦的构想。在人类能够像柏拉图所说的那样掌握自己的命运之前，亚里士多德认为人类真正需要的是更多的知识和更准确的知识。于是亚里士多德开始系统性地整理我们今天称之为"科学"的知识。他派人去收集事实。他是自然科学之父，并且创立了政治学。他的学院里的学生们研究和比较了158个不同国家的政治制度。

我们在公元前4世纪发现了一些堪比"现代思想家"的人物。原始人类孩子般的幻想被针对日常问题的训练有素的批判式思维所取代。对神和妖魔的稀奇古怪的想象，以及所有束缚思想的禁忌、畏惧和限制都被彻底抛弃了。这些来自北方森林的人们用新鲜的自由思想拨开了神秘主义的疑云，让阳光普照人间。

26. 亚历山大帝国

公元前431年至公元前404年的伯罗奔尼撒战争令雅典元气大伤。与此同时，在希腊以北，与希腊人同族的马其顿人正在逐渐获得力量和文明。马其顿人说着与古希腊语很接近的语言，还参加过几届奥林匹克运动会。公元前359年，深谋远虑、野心勃勃的菲利普二世成为马其顿国王。菲利普曾作为人质住在希腊，他在希腊接受了全面的希腊教育，很可能受到希罗多德的影响，他认为只要希腊团结起来就有可能征服亚洲——这一观点被哲学家伊苏克拉底进一步发展。

首先，他致力于扩张领土，巩固自己的统治并改良军队。一千年来，马拉式冲锋战车和近战步兵团一直是胜负的决定因素。骑兵也曾参与战斗，却是一团散沙，毫无纪律。菲利普让步兵保持紧密的阵型——马其顿方阵，并且训练了骑兵，让他们在战斗中保持阵型，从而发展出骑兵队。骑兵冲锋是菲利普和他的儿子亚历山大在大部分战役中采用的决胜招式。马其顿方阵在前方迎击敌人的步兵团，骑兵团从步兵团的两翼和后方涌入，消灭敌方的骑兵。弓箭手瞄准马匹射击，从而使战车失去威力。

这支崭新的军队使菲利普的领土从塞萨利扩张到希腊。公元前338年，马其顿在喀罗尼亚战役中战胜了雅典及其联盟，征服了希腊。希罗多德的梦想终于实现了。希腊全体城邦议会委派菲利普为希腊–马其顿联盟大将军，以对抗波斯帝国。公元前336年，菲利普派出先锋队进入亚洲，踏上了蓄谋已久的征途。然而未等计划实现，他便遇刺身亡。据说刺客受到了亚历山大的母亲奥林匹亚丝的指使。她因为菲利普娶了第二个妻子而心生嫉妒。

菲利普对儿子的教育花费了很大的心血。他不仅请来了当时最伟大的哲学家亚里士多德来担任儿子的导师，还亲自向他传授治国理念和军事经验。在喀罗尼亚战役中，年仅18岁的亚历山大已经担任了骑兵团的指挥。所以虽然继位时只有20岁，这位年轻人却能立刻承担起父亲交代的任务，完成征服波斯的大业。

亚历山大花了两年时间来巩固自己对马其顿和希腊的统治，并于公元前334年进入亚洲。在格拉尼库斯河战役中击败了兵力略占优势的波斯军队，占领了小亚细亚的部分城市。他一直沿着海岸线前进。波斯控制着提尔和西顿的舰队，相当于控制了海上战场，因此亚历山大必须打下所有沿海城镇并且加强驻防。即使后方留有一座敌人的港口，波斯舰队都有可能从那里登陆，切断他的通信和补给。公元前333年，亚历山大在伊苏斯击败了大流士三世率领的一支大型军团。这支军团就像一个半世纪前薛西斯横渡达达尼尔海峡时率领的军团一样是一盘散沙，军中混杂着大量的文官、大流士的妻妾和随行人员。西顿投降了，提尔却负隅顽抗。最终这座伟大的城市被亚历山大的铁骑踏平，加沙也被攻占。在公元前332年年底，征服王亚历山大从波斯人手中夺走了埃及的统治权。

他在亚历山大勒塔和埃及的亚历山大城建立起伟大的城市，它们与内陆连通，并且不易发生叛乱。腓尼基城市的贸易转移到了这里。地中海西部的腓尼基人忽然从历史上消失了——与此同时犹太人迅速地出现在亚历山大城和亚历山大建立的其他新兴贸易城市里。

公元前331年，亚历山大追随着图特摩斯、拉美西斯和尼科的步伐，从埃及向巴比伦进军。他在行军途中经过提尔。尼尼微已是一座被遗忘的城市，在它的废墟附近的阿贝拉，亚历山大与大流士展开了决定性的对决。波斯战车的攻击没有奏效，马其顿骑兵冲破了敌方的混合军队，马其顿方阵最终取得了胜利。大流士率领部下撤退。他没有继续抵抗，而是逃到了北方的米底。亚历山大气势恢宏地攻入巴比伦，随后攻占了苏萨和波斯波利斯。在举办了一场酒宴之后，他焚毁了万王之王大流士的宫殿。

此后，亚历山大在中亚耀武扬威，一路来到了波斯帝国的最远的边境。起初他向北追击大流士，并在黎明时分追上了他。大流士遭到了部下的暗算，躺在战车里奄奄一息。希腊的先头部队发现他时他还活着，但当亚历山大赶来时他已经死了。亚历山大绕过里海，进入了土耳其西部的山区，沿途经过赫拉特（亚历山大建立的城市）、喀布尔和开伯尔山口进入印度。在印度河上他与印度国王波拉斯进行了一场重要的战役，这是马其顿军队第一次与大象作战并取得胜利。最终他下令造船，顺流而下来到印度河口，经过俾路支斯坦海岸返回故乡，终于在6年的征战后于公元前324年抵达苏萨。然后，亚历山大开始巩固和管理他所征服的庞大帝国。他想要得到民心，于是穿戴了波斯王的长袍和王冠，却引发了马其顿司令官的不满。他与这些官员产生了冲突，于是他安排这些马其顿官员和波斯女子或巴比伦女子联姻，即"东西联姻"。然而他没能完成巩固帝国的计划。公元前323年，亚历山大在一场酒宴之后染上热病不治身亡。

庞大的帝国立刻土崩瓦解。亚历山大手下的一位将军塞琉古占有了从印度河到以弗所的大部分原波斯帝国的领土，另一个将军托勒密占领了埃及，安提古勒斯则占据了马其顿。其余地区的统治权不断更替，长期处于动乱之中。蛮族对北方边境的骚扰愈演愈烈。最终，一股新的势力——罗马共和国在西方崛起，征服了一个又一个城市，形成了一个更稳定的新帝国。

27. 亚历山大城的博物馆和图书馆

在亚历山大之前，希腊的商人、艺术家、官员和雇佣兵已经遍布波斯各地。在薛西斯死后的动乱中，色诺芬带领由一万名希腊雇佣兵组成的军队参与其中。色诺芬在《万人远征记》中描述了这支军队从巴比伦撤退至亚洲的经过，这是第一部由指挥官创作的战争故事。而亚历山大的远征以及在他死后帝国被属下们瓜分都极大地促进了希腊的语言、风俗和文化对古代世界的渗透。希腊文化的影响甚至波及中亚和印度西北部。希腊对印度艺术的发展影响深远。

几个世纪以来，雅典保持着在艺术与文化领域的优势地位，雅典的学院一直开办到公元529年，延续了近千年。然而智力活动的中心已从地中海沿岸转移到了亚历山大创建的贸易城市亚历山大城。马其顿将军托勒密在这里称王，他们在宫廷的语言是希腊语。他曾是亚历山大的密友，并深受亚里士多德的观念吸引。他投入大量精力亲自从事学术研究，并取得了不俗的成就，此外还记录了亚历山大远征的历史，可惜早已失传。

亚历山大已经投入过大量的资金来资助亚里士多德，不过托勒密一世才是第一个对科学事业做出长远贡献的人。他在亚历山大城建造亚历山大博物馆，以前是献给掌管美的女神缪斯的。经过两三代人的努力，亚历山大城的科学事业取得了显著的成果。欧几里得，测量出地球直径并且与真实直径的误差不超过50英里的埃拉托色尼，研究圆锥曲线的阿波罗纽斯，绘制出第一张星象图和目录的希帕克斯，设计出第一台蒸汽机的西罗都是当时最伟大的一些科学先锋。阿基米德从锡拉丘兹来到亚历山大城求学，并与博物馆保持着密切的联系。西洛菲勒斯是希腊最伟大的解剖学家之一，据说他进行过活体解剖。

在托勒密一世和托勒密二世统治期间，亚历山大城在知识领域有着层出不穷的发现，然而科学事业的繁荣没能持续下去，直到16世纪才得以复苏。这种衰退的产生也许有几点原因，其中最主要的原因正如马哈菲教授提出的，博物馆是"皇家"学院，学院的教授和研究者都由法老委任和雇用。当托勒密一世在位时一切都很好，因为他是亚里士多德的学生和朋友。然而托勒密以后的君主们逐渐被埃及同化，受到埃及祭司和埃及宗教的影响。他们的控制彻底遏制了自由探索的求知精神，原来的研究人员无法再继续下去。在创立一个世纪之后，博物馆便再也没有创造出成果。

托勒密一世不仅用现代的理性精神整理科学发现，他还在亚历山大城的图书馆建立了百科全书式的智慧宝库。这不仅是一间书库，还是一个复制和售卖书籍的机构。大批抄书员不间断地进行着书籍的复制。

至此，人类智慧的进程终于开始了，人们开始系统地收集和传播知识。博物馆和图书馆的建立标志着人类历史上的一个伟大的新纪元。这是现代史的真正的开端。

知识的研究与传播都面临着严重的障碍。其中之一便是绅士阶层的哲学家与商人和工匠之间巨大的身份差异。那时，制作玻璃和金属的工人很多，但是和思想家们没有思想上的交流。玻璃工人能够做出精美的五彩玻璃珠和玻璃瓶，但做不出佛罗伦萨烧瓶或镜片。透明玻璃似乎无法引起工人的兴趣。金属工人会制作武器和珠宝，却不会做化学天平。高高在上的哲学家思考着原子和世界的本源，却没有关于珐琅、燃料和药物等的实践经验。哲学家对实在物质不感兴趣。因此亚历山大城在短暂的繁荣期内没有制造出显微镜，也没有发展出化学。尽管西罗发明了蒸汽机，它却没能被应用于水泵、轮船驱动等实用领域。在医学之外的领域中科学鲜有实际应用，科学进步没能得到实际应用的刺激和维持。因此在托勒密一世和托勒密二世之后，科学研究便失去了支持。博物馆的科学发现被记录在模糊的手稿上，直到文艺复兴重新点燃了对科学的好奇心，这些手稿才得以出现在大众面前。

　　图书馆在书籍的制作上也没能取得进步。古代世界还没有出现用纸浆制作的尺寸固定的纸。纸是中国发明的，直到公元9世纪才传入西方。当时用来制作书籍的材料只有羊皮纸和边缘固定在一起的长条状纸莎草。这些长条状的纸莎草被卷成笨重的卷轴，给阅读和参考造成了不便。这些材料阻碍了书籍印制的进一步发展。印刷早在旧石器时代便已出现，例如古代苏美尔的印章，然而如果没有充足的纸，便难以印刷书籍。书籍印刷或许还受到了抄书员的抵制。虽然亚历山大城出版了大量丛书，但全都价格不菲，因此知识在古代世界里只能在有钱人和上层社会间传播。

　　托勒密一世和二世时期文化事业的繁荣只局限在与哲学家们有

联系的少数人之间。它就像一盏在黑暗中的灯发出的微光，无法照亮外面的世界。里面也许灯火通明，外界却依然一片黑暗。其他人维持着原有的生活方式，丝毫没有察觉到科学的种子已经被播下，并且终有一天将改变世界。而此刻，盲从的黑暗笼罩着亚历山大城。亚里士多德播下的种子在黑暗中沉睡了 1 000 年，然后终于萌芽。几个世纪之后，知识与明确的概念的传播终于开始改变人类的生活。

亚历山大城不是公元前3世纪时希腊唯一的文化活动中心。在亚历山大帝国瓦解后，还有许多城市展现出了文化事业的繁荣。例如西西里的锡拉库扎拥有长达两个世纪的思想和科学的繁荣期；小亚细亚的珀加蒙也拥有一座图书馆。然而希腊的文化繁荣受到了北方游牧民族入侵的冲击。新兴的北欧部落高卢人，沿着希腊人、弗里吉亚人和马其顿人的祖先的足迹发起进攻，他们一路烧杀掳掠。来自意大利的罗马人紧随高卢人而至，他们逐渐征服了大流士和亚历山大的庞大帝国的西部。罗马人精明能干却缺乏想象力，比起科学和艺术他们更喜欢法律和利益。来自中亚的新的侵略者也摧毁了塞琉古帝国，再次切断了西方世界与印度的联系。他们就是马背上的弓箭手——帕提亚人，就像公元前7世纪至公元前6世纪的米底人和波斯人一样，他们在公元前3世纪征服了希腊-波斯帝国的波斯波利斯和苏萨。这时还有其他来自东北部的游牧民族，他们不是金发的说雅利安语言的北欧人，而是黄皮肤黑头发说蒙古语言的民族。我们将在后续章节中详细介绍这些民族。

28. 佛祖乔达摩的生平

　　现在，让我们向后回溯3个世纪来讲述一位伟大导师的故事，他差一点就改革了整个亚洲的宗教思想。他就是佛祖乔达摩。当以赛亚在为犹太人做出预言、赫拉克利特在以弗所研究事物的本质时，乔达摩正在印度的贝纳勒斯传教。这三人都生活在公元前6世纪，但彼此互不相识。

　　公元前6世纪的确是历史上最辉煌的时期之一。那是，全世界的每个角落——在中国也是如此——人们的思想正在显示出一种新的开拓精神。他们都从王权、祭司和血祭的传统中醒来，并提出深刻的问题。这就好像是在经历了2万年的童年期后，人类终于步入了青年时代。

　　今天，印度的早期历史依然模糊不清。大约在公元前2000年前，一个说雅利安语言的民族从西北部入侵印度，并将他们的语言和传统传播到印度北部的大部分地区。他们所说的雅利安语言就是梵语。他们发现占据着印度河与恒河的棕色人种的文化比他们的更复杂，意志力却不及他们。然而他们没有像希腊人和波斯人那样与这些原住民相互融合，而是与他们保持着距离。当印度开始留下模糊的历史记录时，印度社会已经形成了几个阶层，其中又可细分，不同的阶层不能一起吃饭，不能通婚，也不能自由往来。种姓制度一直延续至今。这使得印度人不同于自由通婚的欧洲人和蒙古人。印度是真正的阶级社会。

乔达摩悉达多出生于贵族家庭，他的家族统治着喜马拉雅山坡上的一个小国。19岁时，他娶了一位美丽的表妹为妻。他终日在花园、树林和稻田间打猎游玩。然而在这样的生活中，他却感到了极大的不满。这是聪明的头脑因缺乏用武之地而感受到的痛苦。他感觉自己的生活并不是真实的生活，而是一场过于漫长的假期。

疾病、死亡、不安和空虚笼罩着乔达摩的脑海。在这种心境之下，他遇到了一位苦行僧。当时的印度有很多这样的人，他们恪守着严格的戒律，花大量的时间进行冥想和宗教讨论。他们在寻找更深刻的生命意义，乔达摩产生了效仿他们的强烈愿望。

传说，乔达摩正在考虑出家，这时传来了消息，他的妻子为他诞下了一个儿子。乔达摩说："这又是一个需要斩断的羁绊。"

他回到了村庄，族人们一片欢声笑语。村里正在举办宴会和上演舞蹈，庆祝他的新羁绊的诞生。这一晚乔达摩在痛苦中惊醒，"就像一个得知了家中着火的人"。他立刻决定抛弃这种毫无意义的快乐生活。他轻轻走到妻子的房门前，借助一盏小油灯的光芒看到她正甜甜地睡着，怀中抱着婴儿，周围花团锦簇。在走之前他很想第一次也是最后一次抱抱他的孩子，但他担心会吵醒妻子而没有这么做，最终他转身离开。来到月光下的河岸边，骑马远行。

那一晚他骑行了很长的距离，黎明时分，他到达了家族领土之外，在河边下马。用剑削去了长发，褪去了所有装饰，连同马和剑一起送回了家中。他继续前进，与一个乞丐交换了衣服，于是抛弃了所有尘世的牵挂，他终于可以自由地追求人生智慧了。他向南走到了温迪亚山上的一个住着隐士和教师的村落。那里有很多智者住在山洞里，他们去村里获得简单的补给品，并把他们的智慧口头传达给需要的人。乔达摩逐渐熟悉了那个年代所有的知识，然而他的敏捷才思并没有满足于这些答案。

印度人一直相信苦行主义是获得力量与知识的途径，乔达摩亲身尝试了禁食、禁眠和苦修等方式。他带着5名弟子在丛林里进行斋戒和严格的苦修。他的名声逐渐传播开来，"就像洪钟在苍穹下鸣响"。然而这并没能给他带来真理。一天，他拖着虚弱的身体一边踱步一边思考。忽然他失去了意识。苏醒之后他明白了这种迷信的苦修是荒谬的。

他恢复了正常饮食，并且不再继续苦修，这令他的同伴们大惊失色。他意识到了要想追求真理，最好有清醒的头脑和健康的身体。这样的想法对当时的印度人来说是很陌生的。他的弟子们郁郁寡欢地离开了他，前往贝拿勒斯。乔达摩孤独地独自前行。

思想在处理复杂的问题时会一步一步地进行，这一过程中很难感受到进步，直到忽然灵光一现，才会找到答案。乔达摩便是这样。他坐在河边的一棵大树下吃东西，忽然心中一片澄澈，他看清了生命的意义。据说他在树下沉思了一天一夜，然后站起来把他的发现传授给他人。

他来到了贝拿勒斯，找到了过去的弟子们，并用新的教义重获弟子的尊重。他们在鹿野苑建立了学校，吸引了很多寻求真理的人。

他的教义开始于他在养尊处优的青年时代对自己的提问："为

什么我不快乐？"这是一个自省的问题。它的性质与泰勒斯和赫拉克利特提出的直白而客观的宇宙问题的性质完全不同，也不同于希伯来先知教导犹太人的无私的道德义务。这位印度导师没有忽略个人感受，他致力于冲破自我的束缚，教导人们，所有的痛苦都来源于自我的贪欲。除非人们能够克制欲望，否则只能在忧虑中生活，并在痛苦中死亡。生命的欲望有3种主要的邪恶形式：一是食欲、贪欲和所有感官欲望；二是对永生的渴望；三是对功名利禄的追求。只有克服了这些欲望才能摆脱生命的痛苦。当欲望被克服，自我意识彻底消失时，人们才能得到灵魂的安宁——至善的涅槃。

这就是佛教的主要思想，这种思想十分玄妙深刻。希腊思想教导人们勇于探寻真理，犹太教义告诫人们敬畏上帝、追求正义，这两种思想都十分清晰明了，佛教思想则不同，就连乔达摩的亲传弟子也难以参透，因此当乔达摩的个人影响减弱后，佛教迅速腐败堕落。当时的印度人普遍相信每隔一段时间，智慧会降临于被选中的人——佛陀的身上。乔达摩的弟子们宣称他就是佛陀，然而没有证据显示乔达摩本人接受了这一称号。在他圆寂之前，已经有了很多关于他的传说。对人类而言，这种奇幻的故事永远胜过道德的说教，于是佛陀乔达摩的事迹广为流传。

乔达摩为世界留下了重要的遗产。如果涅槃对普通人而言过于玄妙、难以企及，如果人们过于追求奇迹而忽视了乔达摩的平凡生活，他们至少可以从乔达摩的"八大正道"中领悟一些道理，生命的八大正道强调：正直的精神，正确的目标，正确的语言，正确的行为，正确的主张，诚实的生活，上进的意识，高洁的自我。人们因此提高了德性，变得慷慨和无私。

29. 阿育王

乔达摩死后，佛教的禁欲教义对世界的影响相对较小。经过几代人之后，佛教终于获得了一位伟大君主的重视。

之前我们提到过亚历山大大帝曾在印度河与波鲁斯交战。根据希腊历史学家的记录，孔雀王朝的创立者旃陀罗笈多来到亚历山大的军营，试图说服他前往恒河流域征服印度。然而马其顿人拒绝进入未知的世界，因此亚历山大未能实现这一计划。公元前321年，在一些山区部落的帮助下，旃陀罗笈多实现了他的梦想。他在北印度建立了一个帝国，并于公元前303年在旁遮普向塞琉古一世发起进攻，并将残余的希腊势力赶出了印度。他的儿子延续了这个新的帝国。我们即将讲到他的孙子阿育王，公元前264年，他统治着从阿富汗到马德拉的庞大帝国。

起初，阿育王决定追随父亲和祖父的步伐，完成印度半岛的征服。他于公元前255年进攻位于马德拉东岸的羯陵伽，虽然取得了军事上的胜利，然而却因厌恶战争的残酷而放弃了进攻，这在征服者中是绝无仅有的。他不再发动战争，而是吸取了佛教的和平主张，宣布从此皈依佛教。

阿育王在位的28年间是人类动荡的历史中最光明的插曲之一。他命人挖掘了很多水井，并种了很多遮荫树。他兴建了医馆和公园，以及种植草药的园子；创立了一个部门，负责照顾印度的原住民；颁布了允许妇女接受教育的法令；对佛教的传播给予了大量的资助。由于佛陀的纯粹的教诲在当时附带了迷信色彩的腐蚀，于是他督促佛教徒积极考证佛教经典，派传教士前往克什米尔、波斯、锡兰和亚历山大。

这就是伟大的阿育王，没有留下一个王子，也没有一个组织机构继承他的工作。在他死后的一个世纪里，曾经阿育王统治下的辉煌的日子，变得支离破碎，成了一段回忆。在印度，拥有最高特权的种姓——婆罗门一直反对公开宣讲佛陀的教诲。他们逐渐破坏了佛教在印度的影响。对古代神明的崇拜和印度教的众多分支重新恢复了地位。种姓制度变得更加严格和复杂。几百年来佛教和婆罗门教一直齐头并进，随后佛教逐渐衰退，被形式多元的婆罗门教所取代。然而在印度和种姓制度之外，佛教广为传播——直至征服了中国、暹罗、缅甸和日本，佛教在这些国家中的地位一直延续到了今天。

30. 孔子和老子

接下来让我们讲讲另外两位伟大的导师，孔子和老子。他们生活在公元前6世纪，人类的启蒙时期。目前为止我们对中国历史的讲述比较少。这段历史的记载仍然较少，我们期待新中国的考古学家能像上个世纪的欧洲一样彻底探索自身的历史。很久以前，黄河流域的原始日石文化逐渐发展成了最早的中国文明。与埃及和苏美尔文明一样，最早的中国文明也带有日石文化的基本特点，王定期举行祭祀，政治活动的中心是宗教事务。那时的中国人的生活一定很像六七千年前的埃及人和苏美尔人，也很像一千年前美洲中部的玛雅人。

活人祭祀一定很早便被动物祭祀所取代。公元前1000年前象形文字早已诞生。

正如欧洲和西亚的原始文明与沙漠地区和北方的游牧民族产生了冲突，古代中国的北部边境也生活着大量的游牧民族。这些部落拥有着相似的语言和生活方式。他们在历史上先后被称作匈奴人、蒙古人、突厥人和鞑靼人。他们与北欧和中亚的北欧人一样，经历了发展演变，名称虽然变了，但本质是一样的。这些蒙古游牧民族比北欧人更早驯养马，公元前1000年后他们在阿尔泰山附近独立发现了铁。和西方的情况相似，这些东方的游牧民族有时会建立统一的政权，成为农耕文明的征服者和改革者。

正如早期的欧洲文明和西亚文明不是由北欧人或闪米特人建立的，早期的中国文明也不是由蒙古人建立的。最早的中国文明可能和埃及、苏美尔和德拉威文明一样，由深肤色人种构成。在最早的史料记载里，不同民族之间已经进行着征服和融合。到公元前1750年，中国已经有了很多规模较小的王国和城邦，这些小国和小城都效忠于"天子"，并定期向"天子"进贡。"商朝"于公元前1125年灭亡，并被"周朝"取代。周朝统治下的安定与统一一直持续到了印度阿育王时期和埃及托勒密王朝时期，随后逐渐分崩瓦解。匈奴人南下建立了封邑，地方诸侯宣布独立，不再向天子进贡。据中国史学家的记载，在公元前6世纪，中国存在着五六千个独立的国家。这一时期被称为"春秋时代"。

春秋时代拥有相对丰富的文化活动，形成了很多地方艺术与文化中心。如果我们深入了解便会发现，中国的历史上也有像米利都、雅典、珀加蒙和马其顿那样的城市。由于目前我们对中国这一时期的了解十分有限，无法形成连贯的故事，只能对其进行简单的介绍。

正如在分裂的希腊诞生了哲学家，在被囚禁的犹太人之间诞生了先知，中国的春秋时代也诞生了哲学家和精神导师。在这些地区，动乱和不安促进了思想的进步。孔子出生于鲁国的贵族官宦世家。出于和希腊哲人同样的冲动，他在鲁国建立了探索和传授智慧的学院。中国的礼崩乐坏令他深感痛心。他构想出了更好的政府形式和生活方式，开始周游列国寻找愿意实现他的司法和教育理念的诸侯。然而他的理想未能实现。王宫内的权力斗争削弱了他的影响力，他的改革提议被推翻了。有趣的是一个半世纪之后，希腊哲学家柏拉图也在寻找能够实现他的政治理想的君主，并且辅佐过统治西西里的锡腊库扎的暴君狄俄尼索斯。

孔子在遗憾中撒手人寰。"没有明君愿意接受我的辅佐，"他说，"我的死期将至。"然而他的教诲对中国人产生了深远的影响，远远超过了他在穷困潦倒之时的预料。儒教、佛教和道教成为中国古代的三大思想流派。

孔子思想的核心是君子的言行举止。正如乔达摩强调放弃私欲，希腊人追求外界的知识，犹太人重视正义，孔子关心个人的品行操守。在所有伟大导师中，孔子是最胸怀天下的。他尤其关心战乱给人民带来的痛苦，他想通过教导人们成为君子来建立一个高尚的世界。他想彻底规范人们的言行，为日常生活中的每个层面都建立规则。他理想中的君子彬彬有礼、胸怀天下。他的理想在中国北方得到了发展。

老子曾经长期管理周代的国家图书馆，他的思想比孔子的更加神秘和晦涩。他的著作非常凝练和艰深，很多内容像谜语一般。在他死后，他的著作像乔达摩的著作一样受到了篡改，被赋予了十分复杂的仪式和迷信的观念。中国也像印度那样，经历了原始时期的巫术和鬼神传说与新思想的斗争，最终原始思想用荒诞可笑的过时的观念封印了新的思想。现在中国的佛教和由老子创建的道教至少在形式上都是古老的宗教，就像古代苏美尔和埃及的祭祀宗教。然而孔子的学说由于直接明了并拥有诸多限制而没有受到扭曲。

中国北方的黄河流域盛行孔子的学说，南方的长江流域信奉道教。南北在思想意识领域的冲突自古以来便有迹可循。北方较为保守正直，奉行官方思想；南方更具不疑精神，乐于实验，更富有艺术性。

公元前6世纪，中国正处于最严重的分裂时期。周朝的衰败使老子不得不弃官隐居。

当时，存在着三股主要的势力。即北方的齐国和秦国以及长江流域具有强大军事力量的楚国。最终齐国和秦国联手消灭了楚国，达成了和平协议。秦国的势力逐渐强大，最终在印度阿育王时期秦国国君消灭了东周王朝最后的残余势力，取代了周天子的祭祀职责。他的儿子秦始皇（公元前247年继位，公元前221年称帝）是第一位统一中国的皇帝。

秦始皇的统治长达36年，超过了亚历山大。他的励精图治标志着统一和繁荣的新时代的到来。他英勇抗击来自北方沙漠的匈奴，并开始修建长城以抵御匈奴的入侵。

31. 早期的罗马

尽管印度西北部边界和中亚与印度境内的大山将不同的文明相互分隔开来，这些文明却有很多相似之处。几千年来，日石文明分散到了河谷，这些地区的气候温度、肥沃的土壤，促进了寺庙和祭司的出现。日石文明最早的缔造者显然是深肤色人种。随后，游牧民族到来了。他们随着草地的转移而进行季节性迁移，并将他们的习俗和语言叠加在原始文化上。他们征服了原始文明，并与原始文明在相互刺激中获得新的发展。在美索不达米亚有埃兰人和闪米特人，还有后来的北欧米底人、波斯人和希腊人；在爱琴海地区有希腊人；在印度有雅利安人；埃及的祭司文化更为饱和，很难受到征服者的渗透；中国的匈奴人则在征服的过程中反而被同化，随后又被新的匈奴人征服。正如希腊和北印度受到雅利安民族的影响，美索不达米亚受到闪米特人和雅利安人的影响，中国则受到了蒙古人的影响。游牧民族所到之处都遭到了破坏，然而他们也带去了自由探索的新精神和新的道德标准。他们对原始民族长期以来的信仰提出了质疑。他们让阳光照进了神殿。他们推举出的国王不是祭司也

116

不是神，而是人民的领导者。

在公元前5世纪，我们发现世界各地的传统都在瓦解，新的道德观念和对知识的渴求觉醒了，这种精神在人类的发展过程中从未真正平息。我们发现读书写字在统治阶级和特权阶级中得到了普及，不再是祭司严格把守的秘密。随着马的使用和道路的修建，交通变得更加便利，人们出行的频率增加了。货币的出现使得贸易变得更加方便。

现在，让我们把注意力从世界东端的中国转向西半球的地中海沿岸。这里出现了一座注定在历史上扮演重要角色的城市，它就是罗马。

目前为止我们对意大利的描述较少。在公元前1000年前，意大利遍布着高山和森林，是个人烟稀少的国家。雅利安部落已经在意大利半岛上建立了一些小型的城镇，南部边境则布满了希腊人的定居地。这些早期希腊定居地的荣耀和辉煌在帕埃斯图姆废墟便可见一斑。除了雅利安人之外，另一个可能与爱琴海人血缘相近的伊特鲁里亚人也在意大利半岛中部定居。他们反而征服了很多雅利安部落。罗马在刚建立时是台伯河边的一个小型贸易城市，居民说拉丁语，受到伊特鲁里亚国王的统治。以前的年表中把公元前753年定为罗马成立的时间，这比腓尼基的伟大城市迦太基晚了半个世纪，比第一届奥林匹克运动会晚了23年。然而，考古学家已经在罗马广场挖掘出了一座比公元前753年更早的伊特鲁里亚人的陵墓。

在公元前6世纪，伊特鲁里亚国王被流放（公元前510年），罗马成为贵族制共和国，一群"贵族"家庭统治着"平民"大众。除了语言不同，罗马与希腊的很多贵族共和制城邦并无太大差异。

几个世纪以来，罗马的平民为了自由与参政的权利而进行了漫长而顽强的斗争。在希腊历史上也存在着贵族制和民主制的斗争。最终，平民打破了贵族家庭设立的众多屏障，建立了与之平等的地位。他们废除了贵族家庭的权力垄断，让罗马能够接纳越来越多的"外来者"成为公民。在国内抗争进行的同时，罗马也在向外扩张版图。

罗马的扩张开始于公元前5世纪。在此之前罗马人与伊特鲁里亚人之间爆发过几次战争，多以罗马的失败而告终。伊特鲁里亚人的要塞维伊距离罗马只有几英里远，但罗马人一直无法攻占维伊要塞。然而，在公元前474年，伊特鲁里亚人遭遇了重大灾难。他们的舰队在西西里的锡腊库扎被希腊人击溃。与此同时，来自北方的高卢人向他们发起进攻。伊特鲁里亚人遭遇了罗马人和高卢人的两面夹击，最终战败，彻底退出了历史舞台。维伊被罗马人占领。高卢人洗劫了罗马（公元前390年），但他们没能占领朱庇特神庙，一声鹅叫破坏了他们的偷袭计划。最终高卢人被收买，退回了意大利北部。

高卢人的突袭没能削弱罗马，反而刺激了罗马的斗志。罗马人兼并了伊特鲁里亚人，并将势力范围扩张到从亚诺河到那不勒斯的整个意大利中部。这些成就在公元前300年之后的几年内便得以实现。随着罗马人征服意大利，菲利普在马其顿和希腊的势力也在增强，亚历山大也在大举进攻埃及和印度河流域。亚历山大的帝国破灭之后，罗马人成了西方文明世界中赫赫有名的民族。

在罗马的北方是高卢人的势力，在西西里和意大利的最南部是希腊人的广阔定居地，高卢人是一个骁勇善战的民族，罗马人在边境建立了一系列要塞，并加强防御工事。而在西西里以塔兰托姆（今塔兰托）和锡腊库扎为首的希腊城市则对罗马构不成威胁。于是希腊开始寻求外界支援，共同对抗罗马。

我们已经讲述过亚历山大的帝国瓦解后遭到了部下的瓜分。其中，亚历山大的亲戚皮拉斯成了伊庇鲁斯的国王，伊庇鲁斯位于意大利南部的亚得里亚海附近。他想要从菲利普手中夺走马其顿和大希腊，并成为塔伦特姆、锡腊库扎和周边地区的保护者和大将军。当时他拥有一支先进的军队，包括步兵方阵，塞萨里的骑兵团——几乎可以媲美马其顿骑兵团——还有20只军用大象。他开始攻打意大利，经过赫拉克勒亚之战（公元前280年）和奥斯库勒姆之战（公元前279年），他把罗马人逼到了北方，然后调转大军向西西里进攻。

然而这一次他遭遇了比罗马人更强大的敌人，即当时世界上最伟大的城市——腓尼基的贸易都市迦太基。西西里距离迦太基很近，迦太基人不欢迎新的征服者，他们还记得半个世纪前的母城提尔的命运。于是他们派出舰队督促罗马人继续反抗，并切断了皮拉斯的海上通讯线。皮拉斯向那不勒斯和罗马之间的贝内文托发起进攻，遭遇了罗马军队的反击而以惨败告终。

这时，高卢人南下的消息将他召回了伊庇鲁斯。然而这一次高卢人没有袭击意大利，因为罗马的边境防御过于强大。于是他们经过伊利里亚（今塞尔维亚和阿尔巴尼亚）进攻马其顿和伊庇鲁斯。皮拉斯接连遭遇了罗马人的反击、迦太基人在海上的攻击和高卢人对本国领土的威胁，不得不放弃征服世界的梦想，返回自己的国家（公元前275年），罗马的势力扩展到了墨西拿。

希腊城市墨西拿位于西西里同侧的墨西拿海峡沿岸，当时受到了一群海盗的控制。迦太基人已经掌握着西西里岛，并与锡腊库扎结盟，联合镇压了这些海盗（公元前270年），并在那里建立了迦太基的要塞。海盗们转而投奔罗马，于是墨西拿海峡的强大贸易势力迦太基和新的征服者罗马成为相互对峙的敌国。

32. 罗马和迦太基

公元前264年，罗马和迦太基之间的布匿战争开始了。那一年，阿育王在比哈尔登基不久，中国的秦始皇还是个小孩子，亚历山大城的博物馆仍然在积极开展科学研究，高卢人正在小亚细亚向珀加蒙收取贡物。世界上的不同地区仍然被无法逾越的距离分隔开来，对于最后的闪米特族势力和新兴的罗马帝国在西班牙、意大利、北美和地中海西部展开的长达一个半世纪的战争，外界也许只能听到几句虚无缥缈的流言。

这场战争遗留下来的问题至今仍在影响着世界。罗马战胜了迦太基，然而雅利安人和闪米特人之间的斗争后来演变成了非犹太人与犹太人的冲突。这一时期的历史事件的结果和被扭曲的传统仍然刺激并影响着当今世界的冲突。

公元前264年，墨西拿海盗引发了第一次布匿战争。除了锡腊库扎之外，整个西西里岛都被卷入了这场战争。一开始迦太基人占据了海上的主导权。他们拥有当时最庞大的五列桨战舰。在两个世纪前的萨拉米斯战役中的主战舰只有3列桨。尽管罗马人的海战经验并不丰富，但他们靠着顽强的意志力造出了更强大的战舰。罗马人的海军主要由希腊水手组成，为了弥补航海技术的不足，他们发明了用抓钩抢登敌船的战术。当迦太基战舰靠近时，罗马士兵掷出巨大的铁质抓钩，并借此登船。迦太基人在迈利之战（公元前260年）和埃克诺慕斯之战（公元前256年）中都受到了毁灭性的打击。他们在迦太基附近击退了登陆的罗马人，却在巴勒莫惨败，损失了104只大象，但古罗马人凯旋的时候，史无前例的凯旋队伍浩浩荡荡地走过罗马广场。此后罗马经历了两次战败，随后又恢复了元气。最终，迦太基海军仅存的势力在艾嘉提安群岛战役（公元前241年）中被罗马海军歼灭，迦太基不得不向罗马求和。除了西耶罗统治下的锡腊库扎之外，西西里岛被割让给罗马。

罗马和迦太基之间维持了22年的和平，但两国都发生了内乱。高卢人再次南下，威胁着罗马的安定。惊慌失措的罗马人甚至举行了活人祭祀，以求神的保佑，却在泰拉蒙被击退。罗马人继续向阿尔卑斯山进军，甚至沿着亚得里亚海岸将领土扩张到了伊利里亚。迦太基国内爆发了动乱，科西嘉岛和撒丁岛也揭竿而起，这令迦太基元气大伤。最终，罗马趁火打劫强占了两座叛乱的岛屿。

当时的西班牙向北至埃布罗河都属于迦太基的领地。罗马人限制了边境的通行，迦太基人一旦渡过埃布罗河就相当于对罗马宣战。最终在公元前218年，迦太基人在罗马人挑衅之下，在年轻有为的汉尼拔将军的率领下渡过了埃布罗河。他从西班牙率军翻过阿尔卑斯山进入意大利，煽动高卢人对抗罗马人，在意大利展开了长达15年的第二次布匿战争。他在特拉希美尔湖和坎尼大败罗马部队，汉尼拔军在意大利全境的所有战役中所向披靡。然而一支罗马军队在马赛登陆，切断了汉尼拔和西班牙的联络，由于攻城装备不足，汉尼拔未能攻占罗马。最终，由于国内的努米底亚人的叛乱，汉尼拔不得不撤军回到非洲保卫自己的领土。而一支罗马军队也进入了非洲，汉尼拔在扎马战役（公元前202年）中败给了西庇阿，第二次布匿战争结束了。迦太基投降，割让了西班牙，进献了一只战舰，支付了巨额赔款，并同意交出汉尼拔任凭罗马人处置。汉尼拔逃到了亚洲，为了不落入敌人手中，最终服毒自尽。

罗马与战败的迦太基维持了56年的和平。在此期间，罗马帝国吞并了分裂的希腊，进攻了小亚细亚，在吕底亚的马格尼西亚打败了塞琉古王安提俄克三世，并把托勒密统治下的埃及、珀加蒙和小亚细亚的大多数小国变成了罗马的"同盟国"，用今天的话说，就是"附属国"。

同时，迦太基逐渐恢复了在战争中被削弱的国力，而这引起了罗马的忌惮。罗马以莫须有的罪名为由再次挑起战争（公元前149年），迦太基顽强反抗，经过漫长的包围战后被敌军攻破（公元前146年）。惨绝人寰的屠城持续了6天，最终投降时，迦太基的25万人口只剩下5万左右。这些幸存者被卖作奴隶，整座城被焚烧殆尽。罗马人在废墟上开垦播种，彻底抹去了迦太基的存在。

于是，第三次布匿战争终于结束了。五个世纪之前在所有繁荣一时的闪米特国家和城市里，只有一个小国没有被外族征服，那就是犹太国。它从塞琉古帝国中独立出来后便受到本国的马加比家族的统治。这时《圣经》已基本成书，犹太人正在发展着我们熟知的传统。分散在世界各地的迦太基人、腓尼基人等同族人在彼此相似的语言和这部传达希望和勇气的《圣经》中找到共同点是很自然的事。在很大程度上，他们仍然是享誉世界的商人和银行家。闪米特人并没有被取代，只是藏匿了起来。

与其说耶路撒冷是犹太教的中心，不如说它是犹太教的象征。公元前65年，耶路撒冷被罗马人占领。公元70年，经历了半独立和反叛的耶路撒冷被罗马军队围困，在顽强抵抗后最终不敌罗马。犹太神庙被破坏。公元132年，耶路撒冷在另一场叛乱中被彻底毁灭。我们所熟悉的耶路撒冷是被罗马人重建的。他们在犹太神庙的遗址上建起了一座供奉罗马神朱庇特的神庙，并禁止犹太人在城中居住。

33. 罗马帝国的崛起

在公元前2世纪和公元前1世纪时，崛起的罗马帝国与之前统治世界的强大帝国有所不同。罗马帝国不是由一位伟大的帝王创建的，一开始没有实行君主专制。共和制不是罗马的首创，雅典在伯里克利时期便统治着很多盟国和属国，迦太基在与罗马展开殊死决战之前已经统治着撒丁岛、科西嘉岛、摩洛哥、阿尔及尔、突尼斯，以及西班牙和西西里的大部分地区。但罗马是第一个避免了亡国命运并步入新的发展的共和制帝国。

新的罗马帝国的中心在旧的帝国中心的西边，那里过去曾是美索不达米亚和埃及的河谷。西部的地理位置为罗马文明带来了新鲜的环境与新面孔。罗马的势力延伸到摩洛哥和西班牙，并向北经过法国、比利时和英国扩张到匈牙利和南俄罗斯。然而罗马一直没能控制离行政中心过于遥远的中亚或波斯。罗马兼并了大批北欧的雅利安民族和几乎所有的希腊人，含米特人和闪米特人所占的比例较以往的帝国更小。

罗马帝国没有像波斯和希腊那样很快衰落，反而在几个世纪中不断得到发展。米底和波斯的统治者在几十年间便彻底被巴比伦同化，他们接受了万王之王赐予的权力，也皈依了他的宗教。亚历山大和他的后继者也走上了这条同化之路，塞琉古王和尼布甲尼撒二世拥有同样的官僚和行政制度，托勒密成为埃及的法老。正如之前闪米特人被苏美尔同化一样，他们也被同化了。不过罗马人统治着自己的国家，并且一直保持着自己的习俗。在2到3世纪唯一对他们产生显著影响的是与他们血缘相近的希腊人。因此罗马帝国是第一个主要由雅利安人统治的庞大帝国。罗马帝国是扩张后的雅利安共和国，这在历史上是一种新的模式，与传统意义上由一个征服者围绕宗教传统建立的国家不同。罗马人也信奉神，但他们的神与希腊人的神一样都是半人半神，或者神圣化的贵族。罗马也有血祭的仪式，甚至在危机时刻会进行活人献祭，这是从伊特鲁里亚人那里学到的。但直到罗马帝国衰退之时，祭司和神殿并没发挥过重大作用。

罗马帝国的发展是在一场规模庞大的行政实验中进行的。这并不是一次成功的实验，罗马帝国最终瓦解了。几个世纪来帝国的形式和行政手段都经历了巨大的变化。罗马在100年间发生的变化比孟加拉、美索不达米亚或埃及在1 000年里经历的更多。罗马一直处于变化之中，从未形成稳定状态。

罗马的实验失败了，但在某种意义上实验并未结束，欧洲和美国至今仍在研究罗马人首创的治国谜题。

我们在学习历史时应记住罗马的变化不仅发生在政治领域，社会与道德领域的变化也从未停止。人们总是以为罗马的统治是完善的和稳定的。麦考利在《古罗马之歌》中把元老院与罗马市民、老加图、西庇阿斯、尤利乌斯·恺撒、戴克里先、康斯坦丁大帝、胜利、演讲、角斗士和基督殉道者融合在一起，形成了一幅庄严而又残酷的画面。这幅画面中的形象需要被逐一分离出来。它们各自处于不同的变化阶段，彼此间的差异就像威廉一世时期的伦敦和今天的伦敦那么大。

罗马的扩张大致可分为4个阶段。第一阶段开始于公元前390年哥特人洗劫罗马之后，持续到第一次布匿战争结束（公元前240年）。我们可以称这一阶段为同化中的共和国。这也许是罗马历史上最好的、最有特点的时期。贵族与平民间的斗争终于结束了，伊特鲁里亚人的威胁也消失了，贫富差异尚不明显，人民满怀公民意识。此时的罗马共和国就像1900年的南非布尔共和国或1800年至1850年间的美国联邦，是一个自由的农业共和国。这一阶段的罗马只是一个方寸小国。它向周围国家发起战争，不是为了毁灭敌国，而是为了寻求联盟。长年的国内冲突让罗马人学会了妥协让步。罗马兼并了一些被打败的城市。这些人在政府中占有选票，另一些保有自治权并拥有和罗马人进行贸易和通婚的权力。罗马在战略要地设置了拥有大量人口的要塞，并在被征服的国家建立了一些拥有不同特权的殖民地。罗马修建了四通八达的道路，这一举措加快了意大利全境的拉丁化进程。公元前89年，意大利所有的自由居民都成为罗马的市民，罗马帝国最终成为一个扩张的城市。公元212年，帝国内的每一个自由民都获得了公民身份，出席罗马市民会议的公民都拥有选举权。

向归顺的城市和全国开放公民权是罗马进行扩张的独特手段。它一反传统的征服与同化模式。罗马人反而同化了被征服者。

在第一次布匿战争和西西里被合并之后，尽管旧的同化方式仍在进行，另一种方式也悄然兴起。西西里被看作是征服者的猎物。

罗马人声称西西里是他们的"财产"。罗马通过利用富饶的土地和剥削勤勉的西西里人民而牟取暴利。其中贵族和有影响力的平民占有了大部分利润。战争同时带来了大批的奴隶。在第一次布匿战争之前罗马共和国的人口主要由农民组成。他们有权也有义务服兵役。在服兵役时期他们的农田背负了债务，大规模的奴隶种植业却得到了发展。他们在返乡后发现自己的产品面临着来自西西里的奴隶种植业和国内新的农庄的竞争，随着时代的变化，罗马共和国的特点也发生了改变。不仅西西里成为罗马的囊中之物，普通人也受到了富有的债主和竞争对手的牵制。罗马进入了第二阶段——敢于冒险的富人的共和国。

罗马民兵们奋斗了200年才争取到了参政权，却只享受了100年的特权。第一次布匿战争夺走了他们争取到的一切。

他们的选举权的价值也消失了。罗马共和国的管理权分为两部分，其中更重要的是元老院。元老院一开始由贵族组成，后来由各界精英组成，他们最早受到手握重权的官员、执政官和监察员的邀请而加入。比起美国的参议院，罗马元老院更像英国的上议院，是地主富商和达官显贵们的集会。从布匿战争开始了3个世纪里，元老院是罗马政治思想和政治目的的中心。另一部分管理权属于公民大会。这本应是罗马全体公民的集会。当罗马还是个弹丸小国时，召集全体公民参与会议是可能的。而当罗马的公民权扩散到意大利之外的地方时，全体公民大会成了天方夜谭。卡比托利欧山和城墙上吹响的号角声宣告着公民大会的召开，然而公民大会逐渐演变成了政客和乌合之众的集会。在公元前4世纪，公民大会监督着代表大众利益的元老院。然而在布匿战争结束时，公民大会的监督作用已所剩无几，无法对掌握了巨大权力的元老院做出有效的监督。

罗马共和国中没有产生过代议制政府。没有人想过选举出一些人来代表公民的意志。我们必须牢记这一点。罗马的公民大会没有发展成像美国众议院或英国下议院那样的机构。公民大会在理论上是由全体公民参与的集会，而实际上已无法发挥任何作用。

因此，第二次布匿战争后的普通公民们处境很凄惨。他们失去了农场，被奴隶种植业抢走了利润，他们一贫如洗，并且没有政治权利，因此无法摆脱困境。对于无法实现政治诉求的人民来说，剩下的方法就只有罢工和反叛了。公元前2世纪和公元前1世纪，罗马国内经历着无谓的革命风波。由于史料不足，我们无法得知这一时期罗马人民的艰苦斗争，他们是如何占领庄园，把土地还给自由农民，并提议废除全部或部分债务。公元前73年，斯巴达克斯带领的奴隶起义助长了意大利的动乱和内战。在训练有素的角斗士们的率领下，奴隶们英勇作战。斯巴达克斯在当时是死火山的维苏威火山口抵抗了两年，最终起义遭到残忍的镇压而失败了。在亚壁古道的两旁，6 000名起义者被钉死在十字架上（公元前71年）。

罗马平民未能成功反抗元老院的压迫，但元老院在镇压起义的过程中，发展出了最终超越了公民大会和元老院的一股新的力量——罗马军队。

在第二次布匿战争之前，罗马军队是从自由民中征兵的，士兵根据能力被编入骑兵队或步兵队。这样的军队适合在罗马周边作战，但不适合远距离的长期征战。随着奴隶数量的增加和庄园规模的扩大，可征召的自由民数量随之减少。于是一位名叫马略的领袖推行了一种新的制度。迦太基文明覆灭后，北非成为半野蛮的努米底亚王国。罗马向努米底亚国王朱古达开战，却在战争中失利。在群情激愤的时刻，马略被选为执政官，人们希望他能终止这场不光彩的战争。马略开始招募雇佣兵，并严格训练他们。朱古达最终战败，被带回了罗马（公元前106年）。马略在任期结束后利用他所建立的军队非法地延长了执政期。在罗马已经没有力量能阻止他了。

马略开启了罗马势力发展的第三阶段，将军的共和国。这一时期的雇佣军团的领袖彼此争夺着罗马的最高权力。马略在非洲时曾有一个部下名叫苏拉，双方展开了激烈的厮杀。数千人被处死，他们的财产被变卖。在马略和苏拉的对抗以及斯巴克斯起义之后，卢库勒斯、庞贝、克拉苏和尤利乌斯·恺撒成为手握重权的将军。克拉苏打败了斯巴达克斯。卢库勒斯攻占了小亚细亚，并入侵了亚美尼亚，在积累了大量财富之后隐退。克拉苏继续入侵波斯，却被帕提亚击杀。经历了漫长的斗争之后，恺撒获得了胜利并在埃及处死了庞贝（公元前48年）。最终恺撒成为罗马共和国唯一的统治者。

恺撒的形象一直激发着人们的想象。他成了有象征意义的传奇人物。对我们而言他主要标志着罗马开始从第三阶段的军事扩张向第四阶段的早期帝国转化。尽管经历了经济和政治上的动乱，罗马的领土一直在向外扩张，并在公元100年左右扩张到最大程度。罗马的扩张在第二次布匿战争中经历了衰退期，并在马略重建军队之前再次遭遇损失。尤利乌斯·恺撒在高卢（即今天的法国和比利时，高卢的主要部落与曾经占领北意大利随后定居小亚细亚的凯尔特人是同族）建立了显赫的战功。恺撒击退了进攻高卢的德国人，并将高卢纳入了罗马帝国版图。他曾两次渡过多佛海峡进入不列颠（公元前55和54年），然而没能彻底攻占不列颠。同时庞贝大帝也在进行扩张，并向东到达了里海。

在公元前1世纪中期，罗马元老院在名义上仍是政府的中心。元老院任命执政官和其他官员，并授予各种权力。一位杰出的政治家西塞罗在努力维护着罗马共和国的伟大传统和对法律的尊重。然而意大利充满了奴隶和穷人，他们既不理解也不渴求自由。伴随着自由农民的落魄，公民精神也消失了。元老院的领袖们背后没有任何力量的支持，而令他们嫉妒和恐惧的对手背后却有着军队的支持。克拉苏、庞贝和恺撒凌驾于元老院之上，他们瓜分了帝国的统治权（前三头同盟）。克拉苏在卡莱被帕提亚人杀死后，庞贝和恺撒决裂了。庞贝转而支持共和制，并下令对恺撒不遵守元老院判决等违法行为进行审判。

当时，法律禁止将军领兵离开自己的布防区。恺撒的布防区和意大利之间隔着卢比肯河。公元前49年，他跨越了卢比肯河，声称"木已成舟"，并开始攻打庞贝和罗马。

过去，罗马有着这样的传统：当发生紧急战况时，选出一名拥有无限权力的"独裁者"来化解危机。在庞贝下台之后，恺撒成了独裁者，一开始任期十年，后来改为终身制（公元前45年）。恺撒实际上成了帝国的终身统治者。自五个世纪前伊特鲁里亚人被驱逐后便受到厌恶的"国王"的称号重新被提起。恺撒拒绝了国王的称号，但他继承了王座和权杖。恺撒打败庞贝之后来到了埃及，并爱上了托勒密王朝最后的女王克利奥帕特拉。埃及女王似乎彻底改变了他。恺撒把埃及的神圣国王的观念带回了罗马。他在神殿里竖起了自己的雕像，雕像上刻着"不败之神"。支持共和制的罗马人进行了最后的反击，恺撒在元老院的庞贝雕像前被刺死了。

这场权力争夺战持续了13年。雷必达、马克·安东尼和恺撒的侄子屋大维形成了后三头同盟。屋大维和他的叔叔一样接管了更加贫穷艰苦的西部诸省，最精锐的士兵就是从这里招募到的。公元前31年，他在亚克西姆海战中打败了他唯一的劲敌马克·安东尼，成为罗马唯一的统治者。屋大维的性格与恺撒完全不同。他不想成为神或国王，也没有被哪位女王所迷惑。他没有成为独裁者，而是恢复了元老院和罗马人民的自由。心怀感激的元老院于是赐予他真正的权力。他没有被称为国王，而是被称为"元首"或"奥古斯都"。他成为罗马的第一位皇帝——奥古斯都·恺撒（公元前27年至公元14年）。

在他之后继位的依次是提比略·恺撒（公元14到37年）、卡里古拉·克劳狄、尼禄，一直到图拉真（公元98年）、哈德良（公元117年）、安东尼奥·庇乌（公元138年）和马克·奥勒留（公元138年）。他们都是军团的首领。军团成就了他们，有时也颠覆了他们。元老院逐渐退出了罗马历史，取而代之的是皇帝和他的行政官员们。这时的罗马帝国扩张到了最大限度。不列颠的大部分地区成了帝国领土，特兰西瓦尼亚成了罗马的达契亚省，图拉真渡过了幼发拉底河。哈德良像远在世界东端的秦始皇一样修建了横穿不列颠全境的长城以抵抗北方游牧民族的入侵。他还在莱茵河和多瑙河之间修建了围栏，但他放弃了图拉真打下的一部分领土。

罗马帝国的扩张终于结束了。

34. 罗马和中国

公元前2世纪和公元前1世纪，人类历史进入了新的阶段。美索不达米亚和地中海东部不再是世界的中心。虽然美索不达米亚和埃及仍旧土壤肥沃，人口众多，一片繁荣，但它们已不再拥有称霸世界的军事力量。权力向西方和东方转移。那时称霸世界的是两大帝国——新兴的罗马帝国和复兴的中国。罗马扩张到了幼发拉底河流域后未能进一步扩张。这里距离权力中心过于遥远。在幼发拉底河之外，曾经的波斯和由印度控制的西流基王朝落入了他人之手。秦始皇死后，汉代取代了秦代，中国的领土跨越了西藏和帕米尔高原，一直到达土耳其斯坦西部。这里是扩张的极限了。

这时的中国是世界上最强大的国家。它的制度最完善，文明程度也最高。中国的领土和人口都超越了罗马帝国最繁盛的时期。当时，这两个强大的国家尚有可能在互不交流的情况下各自发展。海上和陆地的交通方式都尚未成熟，两国无法产生直接的冲突。

但中国和罗马还是产生了联系，并且深刻影响了两国之间的中亚和印度。中国和罗马有着一定程度上的贸易往来，商人们用骆驼拉着货物穿过波斯，印度海岸和红海海岸上也在进行着沿海贸易。公元前66年庞贝效仿亚历山大大帝，率领罗马军队沿里海东岸行军。公元102年，班超率领一支中国远征队抵达里海，并派密探带回罗马的情报。然而距离欧洲和东亚真正认识彼此并发生直接的交流还有很多个世纪。

中国和罗马的北方都是未开化的荒野。如今的德国在当时遍布着森林，森林一直覆盖到俄罗斯，成为欧洲野牛的家园，这些野牛的体型几乎和大象一样庞大。而亚洲山地的北部则依次分布着沙漠、干草原、森林和冻土。亚洲高地的东部是满洲大三角。从俄罗斯南部和土耳其斯坦之间一直到满洲的大部分地区一直处于剧烈的气候变化之中。这里的降雨量在几个世纪中发生了巨大的变化。这片土地并不一直适宜人类居住。在一段时间里这里适合耕种，随后便会迎来干旱期。

雅利安人的发源地就在这片荒野的西部地区，即从德国森林到俄罗斯南部和土耳其斯坦，以及从哥特兰岛到阿尔卑斯山。东部的干草原和蒙古沙漠是匈奴人、蒙古人、鞑靼人和突厥人的发源地——这些民族在语言、人种和生活方式上都很接近。正如北欧人经常越过边境入侵美索不达米亚和地中海沿岸的文明，匈奴人也在骚扰着中国的边境。当北方处于丰产期时便意味着人口的增长，而草地的减少和牛瘟的盛行使得饥肠辘辘的部落战士们南下入侵农耕文明。

两个帝国曾经有效地抵御了蛮族入侵，甚至扩张了领土。汉王朝不断对蒙古发起有力的反击。长城内的大量人口涌入了塞外。在边疆战士的身后，牵着马匹带着犁具的农民在开垦土地和围起冬季牧场。匈奴人抢劫和杀死了很多定居者，然而汉朝的反击过于猛

133

烈。游牧民族面临着两个选择：要么成为耕农并向汉朝纳税，要么去其他地方寻找草地。有人选择了前者，从而被汉朝同化。有人向东北和东部迁移，他们越过山地进入了土耳其斯坦西部。

从公元前200年起蒙古部落就开始向西迁移。他们对西方的雅利安部落造成了压力，并且随时准备侵略罗马边境。帕提亚人是塞西亚人和蒙古人的混血，他们在公元前1世纪来到了幼发拉底河流域。他们抵御了庞贝大帝的进攻，打败并杀死了克拉苏，并取代了统治波斯的塞琉古王朝，建立了帕提亚人的阿萨西斯王朝。

一段时间以来，对游牧民族最无招架之力的不是东方也不是西方，而是中亚和从东南部的开伯尔山口到印度的地区。印度在罗马帝国和古代中国的强盛时期遭遇了蒙古部落的入侵。一批又一批的征服者从旁遮普进入印度平原烧杀掳掠。孔雀王朝四分五裂，印度历史进入了一段黑暗时期。其中一支部落——"印度-塞西亚人"建立了贵霜王朝，他们统治着北印度，维持了一段时间的秩序。这场侵略持续了几个世界。公元5世纪的大部分时间里，印度一直遭受着嚈哒人（白匈奴人）的折磨。他们向弱小的印度王族收取供奉，令印度人民胆战心惊。每个夏天这些嚈哒人会去土耳其斯坦西部放牧，并借此机会入侵印度。

公元2世纪，罗马和古代中国都遭遇了前所未有的瘟疫。两国对游牧民族入侵的抵御力受到了削弱。疫情在中国持续了11年，极大地破坏了社会结构。汉朝覆灭了，中国再次陷入分裂与战乱。直到公元7世纪，随着唐朝的建立，社会秩序才得以恢复。

瘟疫从亚洲蔓延到了欧洲。公元164年至180年，瘟疫的肆虐严重削弱了罗马帝国的统治。此后罗马人口减少，政府效率降低。这时的罗马边境不再坚不可摧，反而到处都是破绽。一支来自瑞典哥特兰岛的北欧民族——哥特人穿过俄罗斯来到了伏尔加河流域和黑海沿岸，成为海盗。在公元2世纪末期他们开始感受到来自匈奴人的威胁。公元274年他们渡过了多瑙河，在如今的塞尔维亚境内杀死了罗马皇帝德西乌斯。公元236年，另一支日耳曼部落——法兰克人打破了莱茵河下游的防御，阿勒曼尼人涌入了阿尔萨斯。高卢的罗马军队抵御了入侵，但巴尔干半岛的哥特人发起了一次又一次的侵略。达契亚省沦陷了。

骄傲的罗马帝国感受到了恐惧。公元270年至275年，罗马皇帝奥勒利安巩固了3个世纪以来的开放与和平。

35. 罗马帝国早期的平民生活

　　建立于公元前2世纪的罗马帝国自奥古斯都时期起，维持了2个世纪的和平与安定最终被打破了。在讲述这段经历之前，让我们先来看一看罗马帝国的平民生活。这段时期距离我们的历史只有2 000年，和平时期的罗马文明与汉代文明的平民生活开始越来越接近我们今天的生活。

　　货币已经在西方世界普遍流通。除了神职人员和政府官员，还有很多从事着各种行业的人们。国家修建了道路和驿站，人们因此获得了比以往更多的通行自由。与公元前500年之前相比，人们的居住地变得更加松散。在此之前的人类文明被限制在了一个地区或国家，人们生活在非常有限的区域内，并且受到传统的制约，只有游牧民族四处旅行和从事贸易。

　　即使在和平时期，处于罗马和汉代的控制之下的所有地区也没有形成统一的文化。正如在现代处于英国控制下的印度，不同地区之间存在着巨大的差异和文化发展的不平衡。罗马境内到处分布着要塞和殖民地，这些地区崇拜罗马神，说拉丁语。然而在罗马人到来之前建立的城镇则保留着原本的习俗。这些城镇虽然对罗马臣服，却进行着自治，甚至在一段时间内仍然供奉着自己的神。拉丁语在希腊、小亚细亚、埃及和希腊化的东部诸国间从未盛行。这些地区仍然通用希腊语。扫罗，也就是后来的使徒保罗是罗马的犹太人，但他使用希腊语进行交流和书写，而不是希伯来语。远离罗马的统治范围的帕提亚王朝推翻了希腊的西流基王朝在波斯的统治，然而帕提亚宫廷中仍然流行希腊语。在迦太基覆灭之后，迦太基语仍然在西班牙的部分地区和北非延续了一段时间。塞维利亚从很久之前便是一个繁荣的城市，尽管罗马退伍军人在几英里外的意大利加建立了殖民地，塞维利亚人依然继续供奉闪米特神，并将闪族语言延续了几代人的时间。公元193年至211年的罗马皇帝赛普提米乌斯·塞维鲁的母语是迦太基语。后来他学习了拉丁语。史料中记载道他的妹妹没有学会拉丁语，而是一直使用古迦太基语。

高卢、不列颠、达契亚省（大约相当于今天的罗马尼亚）和潘诺尼亚省（多瑙河以南的匈牙利）等地没有古老的祭祀传统和文明，因此受到了罗马帝国的同化。罗马首次为这些地区带来了文明。这些由罗马建立的城镇中通用拉丁语，供奉罗马神，沿袭了罗马的习俗和传统。罗马尼亚语、意大利语、法语和西班牙语都是拉丁语的分支，令人联想到罗马的语言和传统的延伸。非洲西北部没有被拉丁化。那里的国家在文化和气质上都保留了埃及和希腊特色。就连罗马的绅士们也将希腊语作为身份的象征，希腊的语言和文学比拉丁语言文学更为盛行。

在这个多元的帝国里工作和贸易的方式也是多样的。这里主要的产业仍然是农业。我们已经讲过布匿战争之后罗马共和国的支柱——自由农被在庄园里劳作的奴隶所取代。在希腊世界里有着不同的耕作形式，一种是所有自由公民都参与耕种的田园式农业，另一种是斯巴达式农业，劳动被看作是不光彩的，只有奴隶从事耕种。然而这已成为历史，奴隶种植园已在大部分希腊化国家中盛行。这些农奴有的是来自不同地区的俘虏，由于语言不通而无法交流，有的天生就是奴隶阶级。他们无法团结起来抵抗压迫，他们没有权力，没有知识，不会读书写字。尽管他们人数众多，却从未进行过成功的起义。公元前1世纪的斯巴达克斯起义是由经过特殊训练的角斗士发起的。罗马共和国晚期和罗马帝国早期的奴隶忍受着极大的屈辱。为了防止他们逃跑，晚上他们会被锁起来，或者剃成阴阳头。他们不能娶妻，主人随时可以打骂、折磨甚至处死他们。主人可以把奴隶卖进斗兽场。如果奴隶杀死了主人，那么家中所有的奴隶都会被钉死在十字架上。在希腊的有些地区，尤其是雅典，奴隶的境遇并没有如此悲惨，但这种制度仍然令人厌恶。对这些奴隶来说，打破了罗马军团防线的野蛮的入侵者不是敌人，而是解放者。

　　奴隶制扩散到了适合集体生产的各行各业。采矿、冶金、航海、修路和建造主要都由奴隶完成。几乎所有的家务也由奴隶负责。在城市和乡村中都有贫穷的自由民从事有偿的工作。他们是工匠和监工，形成了一个与奴隶相互竞争的有偿劳动阶级，但我们并不清楚他们在总人口中所占的比例。劳动人口的数量在不同的时期和地区可能变化很大。并且奴隶制的形式也有很多变化，有的奴隶白天被鞭子驱使着在田里或采石场劳作，晚上被镣铐锁住；有的奴隶主为了获得更好的服务，允许奴隶像自由民一样耕种、工作和娶妻生子。

　　公元前264年，布匿战争开始时，一些奴隶武装起来参加战斗。发源于伊特鲁里亚的奴隶之间的角斗在罗马复苏并很快盛行。不久后罗马的有钱人各自都拥有着一群角斗士，这些角斗士有时候在竞技场里角斗，但他们的主要任务是担任主人的保镖。还有一些奴隶学会了读书写字。罗马共和国在晚期征服了希腊、北非和小亚细亚的一些文明高度发达的城市，并俘虏了很多教育程度高的人。罗马的家庭教师通常由奴隶担任。罗马的富人通常拥有由希腊奴隶担任的图书管理员和秘书等文职人员，并且像养宠物一样养着诗人。现代的文学批判的传统就是在这种奴隶制的氛围中形成的。我们的评论家们仍然像当年的奴隶们那样自吹自擂、争论不休。一些商人会购买聪明的奴隶男孩并教育他们以求将来卖个好价钱。奴隶被训练成抄写员和珠宝工匠等，从事着各种职业。

从罗马共和国的早期阶段到大瘟疫造成分崩瓦解的四百年里，奴隶的地位发生了很大的变化。公元前2世纪，很多人成了战俘并遭到残忍的对待。那时的奴隶没有人权，过着读者们难以想象的悲惨生活。到了公元1世纪，罗马奴隶的生存状况得到了显著的改善。由于俘虏数量的减少，奴隶变得更稀有。奴隶主们开始意识到奴隶的自尊心越强，他们从奴隶那里获得的利益就越多。并且，罗马社会的道德意识正在上升，人们开始寻求正义。罗马的严酷作风受到了希腊的高尚情操的影响。残酷的折磨受到了限制，主人不能将奴隶卖进斗兽竞技场，奴隶有了财产权，主人向奴隶支付工资作为鼓励手段，奴隶的婚姻得到了认可。很多形式的农业生产不需要集体劳动，或者只需要季节性的集体劳动。这种情况下的奴隶成为农奴，他们向主人交付一部分生产所得，或者在农忙时节劳作。

当我们开始意识到公元1世纪和2世纪通用拉丁语和希腊语的罗马帝国本质上是一个奴隶制国家，只有极少数人拥有尊严和自由时，我们才能发现罗马帝国衰落的原因。家庭生活几乎不存在，过着有节制的生活、能积极学习和思考的家庭非常少见。学校和学院的数量稀少，彼此的距离也很遥远。没有人拥有自由意志和自由思想。我们不能被罗马遗留下的令人惊叹的条条大道、宏伟废墟和法律传统所蒙骗，罗马的繁荣是建立在残缺的意志、被压抑的智力和扭曲的欲望之上的。就连少数统治者的内心也是郁郁寡欢的。艺术、文学、科学和哲学，这些自由与快乐的灵魂的果实在这样的环境下得不到发展。在受过教育的奴隶中有很多善于模仿的能工巧匠和舞文弄墨的学究，然而罗马在4个世纪里产生的智力活动与雅典这个小城邦在一个世纪的辉煌中取得的成就相比不值一提。雅典屈服于罗马的权杖之下。亚历山大城的科学活动停滞了。人类的精神文明开始倒退。

36. 罗马帝国的宗教发展

　　公元1世纪和2世纪时，拉丁和希腊文化下的人们在精神上饱受困扰。他们受到残酷的统治和压迫；他们熟悉骄傲和炫耀的情绪，却不知何为荣誉、心灵的平静或永恒的幸福。不幸的人受到蔑视，幸运的人永不满足。在很多城市里，人们生活的中心是竞技场，他们从人与野兽的残酷厮杀中获得血腥的快感。罗马竞技场是最有代表性的罗马废墟。这就是当时的生活状态。人类心灵的不安表现为宗教信仰的动摇。

　　自从雅利安部落开始入侵古代文明以来，古老的宗教信仰不可避免地遭到了修改或失去了信众。几千年来，棕色人种的农耕文明塑造了以神庙为中心的生活方式和思想模式。对仪式的尊重、对反常现象的恐惧、祭祀和神话主宰了人们的思想。由于我们生活在雅利安化的世界里，他们的神似乎是不合逻辑的怪物。然而对这些古代先民而言，他们的神就像他们在逼真的梦里见到的一样生动和可信。在苏美尔文明或早期埃及文明中，城邦的沦陷意味着神的形象或名字的改变，但信仰的核心是不变的，神的个性不会改变。梦境中的形象变了，但梦仍在以同样的方式继续。早期的闪米特征服者与苏美尔人在精神气质上很接近，他们沿袭了美索不达米亚文明的宗教信仰，没有做出重大改变。埃及从未发生重大的宗教变革。不管在托勒密王朝还是恺撒大帝的统治下，埃及的神庙和祭祀传统都保持着自己的特性。

只要征服者与被征服者拥有相似的社会习俗和宗教传统，不同宗教之间的碰撞就有可能用分类和同化来缓解。如果两个神的个性相似，那么祭司和人民便会把祂们当作拥有不同名字的同一个神。这种行为被称作"宗教融合"，公元前一千多年间的战乱时期同时也是宗教融合的时期。很多地方的神被吸收融合为一个统一的神。因此当巴比伦的犹太先知最终宣布了一位正义之神的存在时，所有人都已经做好了接受的准备。

因差异较大而无法被同化的神通常会被纳入某种可信的关系里。爱琴海文明在被希腊入侵之前普遍信仰母神，于是女神和男神被配成一对，动物神和星座神会被拟人化，相应的动物和星座会被改造成装饰或符号。战败的民族信仰的神有时会变成正义之神的对手。神学的历史中充斥着对地方神明的改造、妥协和合理化。

随着埃及的统一，这种形式的宗教融合时常发生。埃及的主神是掌管丰收的奥西里斯，法老是神在人间的化身。奥西里斯通过法老而再现，并一次次死亡和重生。人们不仅把祂看作种子和丰收的象征，还自然地联想到了永生的手段。代表祂的一个符号是把卵埋起来等待重生的甲虫，以及朝升夕落的太阳。后来人们还把祂和神牛阿匹斯联系起来。与祂有关的女神是伊西斯，也被称作哈索尔，象征符号是母牛、新月和海洋之星。奥西里斯死后伊西斯生下了代表黎明的荷鲁斯，祂的符号是鹰，荷鲁斯长大后便成了奥西里斯。

伊西斯的雕像描绘着她怀抱婴儿荷鲁斯站在新月上的形象。这种关系不合逻辑，但这是在严谨的系统性思考产生之前人们的想象，其中有着梦一般的连贯性。在这三位神之下有着其他黑暗的恶神，豺头人身的阿努比斯等，祂们象征着黑夜，是吞噬者、魔鬼、神和人类的敌人。

每个宗教系统都会随着人们思想的变化而自我调整，毫无疑问，埃及人可以从这些不合理的甚至堪称粗鲁的符号中寻找虔诚的信仰并获得精神慰藉。埃及人对永生的渴求很强烈，因此埃及的宗教便满足了这种情绪。埃及宗教中的永生情结比任何宗教都更强烈。随着埃及被外族征服，埃及的神灵失去了至高无上的地位，人们对永生的渴求变得更加热烈。

希腊获胜后，亚历山大城成为埃及和整个希腊世界的宗教生活的中心。托勒密一世下令修建的塞拉皮翁神庙里供奉着三位一体的神。祂融合了塞拉皮斯（即重新命名后的奥西里斯-阿匹斯）、伊西斯和荷鲁斯。祂们不是不同的神，而是一个神的不同表现。塞拉皮斯被看作是希腊的宙斯、罗马的朱庇特和波斯的太阳神。这种信仰随着希腊影响的扩大而蔓延开来，甚至传入了印度北部和中国西部。现世生活悲惨凄凉的平民大众很快接受了死后的生活带来的补偿和慰藉。塞拉皮斯被称作"灵魂的救世主"。当时的颂歌里唱到："我们在死后仍然受到天意的眷顾。"伊西斯也吸引了很多信徒。怀抱婴儿荷鲁斯的女神像树立在伊西斯的庙宇中，神像前点着蜡烛并摆放着祭品，独身的僧侣们照料着她的祭坛。

罗马帝国的崛起将这一宗教传入了西欧。塞拉皮斯-伊西斯的神庙、僧侣的诵经和对死后生活的期望伴随着罗马人一同进入了苏格兰与荷兰。然而当地还有很多其他的宗教。其中密特拉教较为显赫。密特拉教起源于波斯，传说密特拉曾献祭一头神牛，但具体细节早已失传。这一宗教比对塞拉皮斯–伊西斯的信仰更为原始。它将我们带回了盛行血祭的巨石文化。密特拉教纪念碑上的神牛一直在流血，从它的血液里诞生了新生命。密特拉教的信徒在作为祭品的公牛的鲜血中沐浴。祭坛上神牛的鲜血流到祭坛下的信徒身上，这便是密特拉教的洗礼仪式。

这些宗教都是个体宗教。在罗马帝国早期还有很多类似的宗教企图用这种方式让奴隶和公民对皇帝效忠。这些宗教的核心都是个体的救赎和个体的永生。古老的宗教则不是这样的，它们是社会性的。过去的神首先是城邦或国家的神，其次才是个体的神。祭祀是一种公共行为而非私人行为。祈祷中包含的是集体的需求。然而希腊人和罗马人先后将宗教从政治中分离出来。宗教依照埃及的传统退回了另一个世界。

这些新兴的追求永生的个体宗教战胜了旧有的国家宗教，但没有彻底取代它们。早期的罗马城市里通常供奉着各种不同的神灵。城中也许有罗马主神朱庇特的神殿，可能还有恺撒大帝的神殿，因为恺撒从法老那里学到了统治者可以成为神。这些神殿里进行着冰冷的城邦政治性的崇拜，人们来到神殿里点燃香烛并献上祭品以表虔诚。然而在伊西斯的神殿里，人们向女神倾诉自己的烦恼并寻求建议或慰藉。有些地区也许供奉着当地传统的神。例如，塞维利亚长期信仰古老的迦太基神维纳斯。而在山洞或地下的神庙里一定会有士兵和奴隶打理着密特拉神的祭坛。犹太人很可能聚集在会堂里诵读《圣经》，表达他们对看不见的全能之神的信仰。

有时，犹太人与国家宗教会产生政治上的冲突。犹太人宣称他们的神反对偶像崇拜，因此他们拒绝参加恺撒的公共祭祀仪式。为了不亵渎自己的上帝，他们甚至拒绝向罗马神表示敬意。

在佛陀的时代之前，在东方已经有一些男女放弃了世俗生活的快乐而选择进行苦修。他们拒绝了婚姻，放弃了财产，通过禁欲、疼痛和独处来追求精神能量和逃避现世的压力与屈辱。佛陀坚决反对过度的苦修，但他的很多弟子遵守着严格的戒律。一些极端的希腊宗教也奉行苦修，甚至达到了自残的程度。公元前1世纪，朱迪亚和亚历山大城的犹太人群体中也出现了苦修者。一些人放弃了世俗生活，全身心地投入苦行和沉思中。他们就是爱色尼派信徒。公元1世纪和2世纪，世界各地都出现了否定现世生活的人，人们都在乱世之中寻求"救赎"。以往的既定秩序和对祭司、神庙、法律和习俗的信任已经消失了。奴役、浪费、炫耀和自我放纵的恶行与残忍、恐惧、焦虑的情绪酿成了一场自我厌恶和惶惶不安的瘟疫，人们对心灵宁静的渴求甚至到了放弃享乐甘愿受苦的程度。正因如此，塞拉皮翁才充斥着哭泣的忏悔者，密特拉教的昏暗血腥的洞穴里才满是信徒。

37. 耶稣的教诲

在罗马的第一位皇帝奥古斯都·恺撒的统治时期，基督教的救世主耶稣在朱迪亚出生了。以他命名的一个宗教即将兴起，并注定将成为罗马帝国的官方宗教。

现在，我们最好把历史和神学区分开来。大部分基督徒相信耶稣是全能的上帝在人间的化身。为了保持公正，历史学家既不能接受也不能否定这种说法。既然耶稣以人类的形式存在过，那么历史学家必须以看待人类的眼光来看待他。

在提比略·恺撒的统治时期，耶稣在朱迪亚已小有名气。那时他大约30岁，是一位先知。他像其他犹太先知一样传教。对于他开始传教之前的生活，我们一无所知。

关于耶稣的生平和布道，我们唯一的直接信息来源是四部《福音书》。这四本书中都确切地描绘了耶稣的性格。我们不得不承认耶稣确实存在过，他的形象不可能是虚构的。

然而，正如乔达摩·悉达多的性格受到了扭曲并埋没在死板的镀金佛像里，耶稣的贫瘠、严肃的个性也是人们出于想象和便利而产生的误解，这种误解甚至延续到了现代基督教艺术里庄严的耶稣像上。耶稣是一名贫穷的教师，他在朱迪亚的乡村小路间游荡，依靠人们不时赠与的食物生存，然而耶稣的形象却永远干净整洁，衣服上没有一个污点，身材笔挺，庄严肃穆，仿佛会腾空一般。这样的形象让他变得不真实，很多人无法区分故事的核心与盲目的虔诚所产生的添油加醋，于是对这种形象惊叹不已。

如果褪去粉饰，我们将看到一个热情并富有人性的鲜活的形象。他教授着一个简单而又意义深远的信条——天父的大爱和天国的降临。他显然是一个拥有很强的凝聚力的人。他吸引了很多追随者，并教给他们爱和勇气。生病的人在他身边会振作起来，病情也随之好转。然而耶稣最终被钉在了十字架上，不久便死去了，这也许说明他的身体并不强壮。他按照当时的传统背负着十字架走向刑场，途中曾经晕倒。他在朱迪亚生活了3年，四处传播他的信仰，随后他来到了耶稣撒冷，被指控企图在朱迪亚建立犹太人的王国。他因此受到审判，并和两个小偷一起被钉在十字架上。在两个小偷断气之前他所受的苦难便结束了。

耶稣的主要教义是对天国的信仰。在所有影响和改变人类思想的教义之中，这是最具革命性的。当时的人们未能意识到这一信仰的全部意义，他们只看到了它对既有的习俗和人类社会结构的部分改变就感到畏惧和惊慌，这是在所难免的。因为耶稣所宣讲的关于天国的教义，可以说是对苦苦挣扎的人类生活的一场彻底的改变和清洗，这是一种十分强硬的要求。读者们可以在《福音书》中了解到耶稣的全部教义，这里我们只关心它对固有观念的冲击。

犹太人相信上帝是唯一的和正义的，但他们也认为上帝和他们的祖先亚伯拉罕达成了协议，令犹太人拥有了更多的优势。耶稣却说上帝不会与人类做交易，犹太人不是上帝的选民，天国里并没有预留他们的位置，这令犹太人感到愤怒和不安。耶稣宣称神爱众人，神的爱就像阳光一样无私。无论是罪人还是天之骄子，四海之内皆兄弟。在"善良的撒玛利亚人"的寓言里，耶稣批评了我们都忍不住会犯的一个错误，那就是美化自己的族人，蔑视其他的民族和信仰。在"劳动者"的寓言里，他否定了犹太人拥有上帝的偏爱，并教导人们进入天国的人都会受到上帝的平等对待，因为上帝的大爱是无法衡量的。此外，"埋藏银子"和"寡妇捐钱"的寓言告诉人们要全心全意去爱上帝。天国里没有特权，没有回扣也不接受任何借口。

然而犹太人的愤怒不仅是出于强烈的民族自尊心。犹太人对家族十分忠诚，而耶稣的教诲用对上帝的大爱取代了狭隘的小家之爱。整个天国就是耶稣的追随者们的大家庭。《圣经》中记载道："他在与人们讲话时，他的母亲和兄弟站在一旁，想要同他讲话。一个人对他说，看啊，你的母亲和兄弟站在一旁，想要和你讲话。但他却回答那个人，我的母亲是谁？我的兄弟又是谁？他朝使徒们伸出手，说，看啊，这些便是我的母亲和兄弟！凡是行天父旨意的，都是我的母亲和兄弟姊妹。"

耶稣关于上帝的大爱和四海之内皆兄弟的教导冲击了犹太人的民族自豪感和家族忠诚，此外，他还谴责了贫富分化、私有财产和个人利益。所有人都是天国的子民，他们的财产都属于天国。对所有人来说，唯一的争议就是全心全意服从上帝的旨意。耶稣多次批评了对私有财富和私人生活的保留。

"他走在路上，一个人跑过来跪在他面前问，善良的主人啊，我该怎样做才能获得永生？耶稣对他说，为什么要唤我为善，唯一的善是上帝。你知道戒律，不可通奸，不可杀生，不可偷窃，不可说谎，不可欺骗，尊敬父母。那人回答，主人，我自小便遵从所有戒律。于是耶稣看着他，感受到对他的爱，并对他说，你只差一件事，去吧，卖掉你所有的财产，分给穷人，那么你将拥有天国的财富。那时你再来找我，和我一起背负十字架。那人悲伤地离开了。因为他拥有巨大的财富。

"耶稣环顾四周，对使徒们说，富人要进入天国是多么的困难啊！使徒们闻言十分诧异。耶稣又说，孩子们，相信财富的人想要进入天国是多么困难啊！让富人进入天国比让骆驼穿过针眼更难。"

此外，在对神爱众人的天国的预言中，耶稣还反对宗教里的教条主义。《圣经》里还记载了耶稣对刻板的宗教规则的多次反对。

"法利赛人和抄写员问他，为什么你的使徒们不遵循法老们的传统，用没有洗净的手拿面包？他回答道，你们的伪善和以赛亚的预言中所记载的一样。"

"这些人用嘴唇亲吻我，但他们的心却离我很远，他们对我的崇拜全是徒劳，他们遵循人的戒律，却把上帝的戒律抛在一旁，你们只知道从事刷锅洗碗等琐事。"他对他们说，"你们为了遵守自己的戒律，而拒绝了上帝的戒律。"

耶稣宣扬的不仅是一场道德革命和社会革命，众多迹象表面，耶稣的宣讲带有朴素的政治倾向。他说过他的王国不在人间，不在王座上，而在人们的心里。然而，无论他的王国以何种形式存在、在人们心中的地位如何，外部世界都将因此产生变革，成为一个崭新的世界。这也是显而易见的。

无论盲目的听众们错失了多少耶稣的言外之意，至少他们没有错过他的改变世界的方案。人们对耶稣的反对以及随后对他的审判和处决清楚地显示了同时代的人们已经意识到了他的目的是改变并升华所有人的生活。

　　耶稣的教诲冲击着富人和权贵们的世界，难怪他的话令他们感到不安。他把他们从社会服务中获得的所有私人财富剥离出来，暴露在全人类的信仰之光下。他像道德领域的猎人一样把人类从生活至今的舒适洞穴里挖出来。在他的王国里，没有财产，没有特权，没有等级分化，没有动机也没有奖励，只有爱。在这样的冲击下，人们对他的反对就不足为怪了。就连他的使徒们也对他的严格要求感到不满。祭司们感受到了威胁，意识到了耶稣和他们无法共存。他的学说超乎罗马士兵们的理解，并威胁到了他们的信仰，士兵们只能用嘲笑掩盖不安，给他戴上荆棘王冠，披上紫色的斗篷，把他装扮成恺撒的样子来羞辱他。因为认真对待耶稣的话就意味着抛弃习惯、控制本能和冲动，进入陌生而危险的生活，尝试追求前所未有的幸福。（引文出自《马太福音》第十二章，46~50节。《马可福音》第十章，17~25节。《马可福音》第七章，1~9节）

38. 基督教的发展

从四部《福音书》里，我们了解到了耶稣的性格和他的学说，然而关于基督教会的教义我们仍然知之甚少。基督教信仰的框架是在耶稣的追随者们所写的《使徒书信》中建立的。

圣保罗是基督教教义的主要建立者。他从未与耶稣见面，也没有听过他的讲道。圣保罗的本名是扫罗，在耶稣被钉死在十字架上之后他曾积极地迫害过耶稣的信徒们，后来他忽然皈依了基督教，并改名为保罗。保罗是一个充满了求知欲的人，他对当时的宗教运动怀有强烈的兴趣。他通晓犹太教、密特拉教和当时的亚历山大教，并把这些宗教里的很多观点和表达方式融入了基督教。他几乎没有放大或发展耶稣原本的教义，即关于天国的教义。但他宣讲耶稣不仅是唯一的救世主，犹太人的领袖，并且他的死是一种牺牲，就像原始文明中的血祭牺牲者，他用生命换来了人类的救赎。

当不同的宗教并行发展时，它们会相互吸收对方在仪式和其他外在表现上的特点。例如，中国的佛教和道教几乎拥有一样的寺庙和僧侣制度，然而佛教和道教最初的教义几乎是截然相反的。基督教借鉴了亚历山大教和密特拉教中的僧侣剃度、供奉祭品、祭坛、蜡烛、诵经等习俗，甚至吸收了对方的神学理论和奥西里斯神——祂在死后重生并赐予人类永生，这些变化并没有使基督教的根本教义发生动摇。基督教信徒的扩大受到复杂的教派纠纷的影响，不同教派对耶稣和天父的关系产生了分歧。萨贝里人认为耶稣只是天父的一种表现，上帝既是耶稣也是天父，就像一个人可以既是父亲又是工匠；三位一体教派认为上帝是圣父、圣子和圣灵三位一体。阿里乌斯教曾经盛行一时，然而经历了争执与战争之后，三位一体论成为被基督教徒统一接受的理论。《亚他那修信经》中对三位一体进行了完整的解释。

对于这些争议我们不予置评。它们对历史的作用不像耶稣的教义那般意义深远。耶稣本人的宣讲标志着人类的道德生活和精神生活进入了一个新的阶段。耶稣对于全能的天父、四海之内皆兄弟和众人皆是神的子民的强调对人类随后的社会生活和政治生活产生了深远的影响。随着基督教的发展和耶稣的教义的传播，人们终于开始尊重人类自身。基督教的反对者们批评圣保罗曾教导奴隶们服从主人，或许果真如此，但《福音书》中所保留下来的耶稣真正的思想是反对人与人之间的压迫，并且基督教确实反对过竞技场中的角斗这样违背人类尊严的残忍行为。

在公元1世纪和2世纪，基督教传播到了整个罗马帝国，并将不断增加的信徒们聚集在新的理想之下。历代的罗马皇帝有的敌视基督教，有的态度比较宽容。在2世纪和3世纪都发生了对这一新兴宗教的压迫，最终在303年戴克里先下令没收教会的大批资产，收缴和销毁所有的《圣经》和宗教书籍。基督徒不再受到法律的保护，大量信徒被处决。宗教书籍的损毁尤其严重。这表明统治者意识到了文字拥有能够凝聚信仰的强大力量。基督教和犹太教等"基于文字的信仰"是在教育中进行传播的，它们的存在很大程度上依靠人们通过阅读来理解宗教思想。原始宗教对人们没有这样的要求。当时的西欧仍然是未开化的野蛮状态，学习的传统主要通过基督教会延续下来。

戴克里先的镇压丝毫未能抑制基督教会的成长。很多地区的主要人口甚至政府官员都信仰基督教，导致了镇压的失败。公元317年，皇帝加莱里乌斯颁布了赦免诏书。公元324年，君士坦丁大帝登基，他一直对基督教态度友好，甚至在临终前受洗皈依。他废除了其他宗教，确立了基督教至高无上的地位，把十字架的标志印在军队的盾牌和旗帜上。

不久，基督教便成为罗马帝国的国教。其他宗教有的逐渐消失，有的很快被吸收。公元393年，狄奥多西大帝拆除了亚历山大城的朱庇特神像。从5世纪起，基督教的牧师成为罗马唯一的神职人员，基督教会成为罗马唯一的教会。

39. 罗马帝国的分裂

　　罗马帝国在公元3世纪里一直受到蛮族的入侵，导致了社会的衰退和道德的崩坏。这一时期的罗马皇帝们忙于与军阀的斗争，伴随着军事战略的需求，帝国的首都发生了转移。罗马帝国的中心有时在意大利北部的米兰，有时在塞尔维亚的西尔敏或尼什，有时又在小亚细亚的尼克米提亚。位于意大利中部的罗马离战略要地过于遥远，作为首都多有不便。于是罗马逐渐衰落。帝国的大部分领土仍然处于和平之中，人们无须随身携带武器。军队依然是唯一的权力中心，依赖军团势力的皇帝的统治变得越来越专制，罗马帝国变得越来越像波斯和其他东方帝国。戴克里先甚至头戴王冠、身穿东方样式的黄袍。

　　沿着莱茵河和多瑙河蔓延的帝国边境正面临着敌人的入侵。法兰克人和其他日耳曼部落已经到达了莱茵河畔。汪达尔人到达了匈牙利北部，曾经的达西亚现在成了罗马尼亚，这里已是西哥特人的地盘。俄罗斯南部生活着东哥特人，伏尔加河畔生活着阿兰人。蒙古人正在入侵欧洲。匈奴人已经开始对阿兰人和东哥特人发起进攻，迫使他们向西迁徙。

由于复兴的波斯帝国的入侵，罗马割让了在亚洲的部分领地。萨珊王朝统治下的新生的波斯帝国在接下来的三个世纪里成了罗马帝国的劲敌。

我们可以从欧洲地图上看出罗马帝国的弱点。多瑙河流经汪达尔，受到哥特人侵扰的汪达尔人希望能被罗马帝国接纳。他们被安置在潘诺尼亚，即如今多瑙河以西的匈牙利，汪达尔战士大多加入了罗马军团。但这些战士只服从自己的指挥官，没有被罗马人同化。

君士坦丁对帝国的整顿尚未完成便撒手人寰。不久，罗马边境再次被攻破，西哥特人几乎到达了君士坦丁堡。他们在阿德里安堡打败了瓦伦斯皇帝，并在保加利亚建立了据点，就像汪达尔人在潘诺尼亚的定居地那样。他们在名义上是皇帝的子民，实际却是征服者。

公元379至395年是狄奥多西大帝的统治时期，他治下的罗马仍然保持着领土完整。汪达尔人斯提里克控制着意大利和潘诺尼亚的军队，哥特人阿拉里克掌握着巴尔干半岛的部队。狄奥多西在4世纪末驾崩，留下两个儿子。其中，位于君士坦丁堡的阿卡迪乌斯得到了阿拉里克的支持，位于意大利的荷诺里则得到了斯提里克的支持。阿拉里克和斯提里克以两位王子为傀儡，展开了权力的争夺战。经过几场混战，阿拉里克进入了意大利，在短暂的攻城之后占领了罗马（公元410年）。

公元5世纪初，罗马帝国的欧洲部分成为蛮族的猎物。当时的形势是很难想象的。在法国、西班牙、意大利和巴尔干半岛，那些帝国早期的伟大城市仍然矗立着，然而城中的人口减少，市民饱受贫穷之苦，昔日的繁荣早已衰败。这些城市里的人们为了生存而苦苦挣扎，每天都在不安中度过。当地的官员却问心无愧地发号施令，凭借远在天边的皇帝的名义继续从事自己的工作。教会依然存在，但牧师们通常并不识字。人们不怎么读书，反而沉浸于迷信和恐惧之中。然而凡是在入侵者没能毁灭一切的地方，便仍能找到书籍、绘画、雕塑等艺术品。

乡村的生活也在衰退。罗马各地都变得更加荒凉。战争和瘟疫把一些地区变为废墟。路边和森林里充斥着强盗。一些地区无力抵抗蛮族的入侵，野蛮人的首领甚至拥有了罗马的官职。如果这些蛮族首领受到一定的教化，他们的统治会比较宽容，占领城镇后他们会与当地人通婚，掌握（带有口音的）拉丁语。然而吞并了罗马的不列颠省的朱特人、盎格鲁人和撒克逊人是农耕民族，不需要依赖当地的城镇，因此他们赶走了不列颠的罗马人口，并用自己的日耳曼方言取代了当地的语言，这种方言最终发展为英语。

日耳曼和斯拉夫的众多部落在动荡的罗马帝国一路劫掠，寻找舒适的家园，我们很难追溯所有部落的踪迹。所以我们以汪达尔人为例，他们最初出现在德国东部，并在潘诺尼亚定居。大约在公元425年他们动身前往西班牙。他们发现来自南俄罗斯的西哥特人和其他日耳曼部落已经在那里称王称爵。于是金赛里克带领汪达尔人向北非进发（429年），他们俘虏了迦太基（439年），并建造了一支舰队。他们掌握了海上的霸权，并占领了罗马（455年），彼时的罗马尚未从半个世纪前阿拉里克的占领中彻底恢复。随后，汪达尔人占领了西西里岛、科西嘉岛、撒丁岛和地中海西部的大部分岛屿。他们建立的海上帝国在范围上与700多年前迦太基人的海上帝国十分相似。他们的势力在公元477年左右达到了顶峰，仅靠少数征服者统治着庞大的疆域。在下一个世纪里，汪达尔人的所有领土几乎都被查士丁尼一世征服，帝国的权力中心转移到了君士坦丁堡。

汪达尔人的故事只是一个例子，类似的经历还有很多。然而一群血缘关系最为遥远但又最凶狠的征服者即将来到欧洲，他们就是蒙古匈奴人或鞑靼人，他们是西方世界前所未见的积极、强大的黄种人。

40. 匈奴人和西罗马帝国的灭亡

　　蒙古征服者在欧洲的出现或许标志着人类历史进入了新的时期。直到上个世纪，蒙古人和北欧人并未相互接触。生活在寒冷的北方森林里的蒙古族拉普人向西最远到达过拉普兰，然而他们对历史的发展没有产生重大影响。西方世界几千年来一直处于雅利安人、闪米特人和棕色人种的相互影响之下，（除了来自埃及的埃塞俄比亚人的进攻之外）与南方的黑人和远东的蒙古人的交往甚少。

　　蒙古人对西方世界的入侵也许出于两个主要原因：一是古代中国的强盛，汉代国力强大，人口增长，边境向北扩张；二是气候的变化，或许是降雨量的减少破坏了沼泽和森林，或者是降雨量的增加使沙漠干草原的牧区扩大。这两种情况可能在不同的区域同时进行，最终促使蒙古人向西方迁徙。第三个主要原因是罗马帝国经济上的困窘、内部的腐败和人口的减少。罗马共和国时期的有钱人和军阀皇帝的税务官榨干了罗马的活力。这便是蒙古人入侵西方的推动力、方式与机会——来自东方的压力，西方世界的腐败，和开放的道路。

到公元1世纪时，匈奴人已经抵达了俄罗斯在欧洲境内的东部边境，然而直到4世纪和5世纪时这个马背上的民族才成为干草原上的主宰。公元5世纪是匈奴人的时代。最早来到意大利的匈奴部落是统治荷诺里的汪达尔人斯提里克雇佣的兵团。这时他们占据了潘诺尼亚，这里曾是汪达尔人的地盘，如今只是一座空城。

　　在5世纪的三四十年代，匈奴人之间出现了一位王者——匈奴王阿提拉。关于他的事迹只留下了只言片语。他不仅统治着匈奴人，还统治着一些集聚在一起的日耳曼部落，并向他们索取进贡。他的统治范围从莱茵河畔沿着平原一直抵达中亚。他曾和中国互通使节。他的主营位于多瑙河东岸的匈牙利平原上。来自君士坦丁堡的使者普里斯库斯曾去那里拜见过他，并留下了关于他的王国的记录。这些蒙古人的生活方式与被他们所取代的雅利安人的很像。平民住在小屋和帐篷里，首领住在围着栅栏的木制大厅里，这里时常举行宴会，人们一边饮酒一边听吟游诗人歌唱。荷马史诗里的英雄们和亚历山大率领的马其顿兵团可能在匈奴王的营地里会比在当时统治君士坦丁堡的阿卡迪乌斯之子狄奥多西二世的宫殿里更自在。

　　就像希腊人在很久以前取代了爱琴海文明那样，匈奴人似乎也将取代地中海沿岸的希腊–罗马文明。从宏观上看，历史仿佛在自我重复。然而匈奴人对游牧生活的眷恋比比希腊人更深，希腊人比起游牧民族更像是不断迁移的农民。匈奴人在游牧的过程中沿途进行劫掠，却从不定居。

　　长期以来匈奴人一直骚扰着罗马帝国。匈奴王的军队甚至抵达了君士坦丁堡城下，吉本在著作中提起匈奴王阿提拉毁灭了巴尔干半岛的70多座城市，狄奥多西向他进贡了大量财物，还秘密派刺客暗杀他，企图彻底摆脱阿提拉的控制。公元451年，阿提拉的注意力转移到了罗马的另一半拉丁语地区，他开始进攻高卢。高卢北部几乎所有城镇都遭到了洗劫。法兰克人、西哥特人和帝国军队联合起来对抗他，最终他在特鲁瓦战败。这场战役规模巨大，阵亡人数在15万人到30万人之间。阿提拉在高卢的失利没有耗尽他所有的军事资源。下一年他途经威尼西亚抵达意大利，焚毁了阿奎莱亚和帕多瓦并洗劫了米兰。

来自这些意大利北部城镇，尤其是帕多瓦的大批难民逃到了亚得里亚海的潟湖岛上，建立了威尼斯国。威尼斯在中世纪时成为最繁华的贸易中心之一。

公元453年，阿提拉迎娶了一位年轻女子，在一场盛大的婚宴后他忽然暴毙，他的王国也随之瓦解。匈奴人逐渐融入了周围的雅利安民族，再也没有纯粹的匈奴人了。然而他们发动的几场大型的入侵耗尽了罗马帝国拉丁区的最后一丝元气。阿提拉死后的20年里先后有10位由汪达尔人和其他雇佣兵团扶植的皇帝登基。迦太基的汪达尔人在455年洗劫了罗马。最终，476年的十月，蛮族的首领击败了罗马皇帝罗穆卢斯·奥古斯图卢斯，并通知君士坦丁堡的宫廷：西罗马不再有皇帝了。罗马帝国的拉丁区就这样不光彩地灭亡了。493年，哥特人狄奥多里克成为罗马的统治者。

西欧和中欧各地的野蛮部落首领都已称王称爵，虽然他们实际上是独立的，却都对皇帝表示一定程度的效忠。这样的强盗首领有成百上千个。高卢、西班牙、意大利和达西亚仍然通用着拉丁语的变种，不过在不列颠和莱茵河东岸日耳曼语（波西米亚通用一种斯拉夫语言——捷克语）是通用语言。地位尊贵的牧师和少数受过教育的人使用拉丁语进行阅读和书写。各地的人民都过着惶惶不安的生活，财产掌握在拥有强权的人手中。城堡越来越多，道路却越来越荒芜。6世纪初期的西方世界经历着分裂和文化的黑暗时代。如果不是僧侣们和基督教传教士们的努力，拉丁语的学习可能会彻底消失。

罗马帝国何以得到发展，又何以彻底毁灭？罗马帝国的发展是因为早先的公民意识将罗马人凝聚在一起。在罗马共和国的扩张时期，甚至到罗马帝国早期，很多人仍然抱有强烈的罗马公民意识。他们认为成为罗马公民是一种特权，也是义务。人们坚信罗马的法律会保障他们的权利，也甘愿为罗马而做出牺牲。罗马的公正、伟大和法律声名远扬。然而早在布匿战争时期，公民意识便受到了财富的积累和奴隶制的影响。虽然更多人拥有了公民权，但公民意识并没有得到相应的发展。

罗马帝国毕竟是一个非常原始的文明。它没有对日渐增长的公民进行通识教育和爱国教育，也没有赋予公民参政的权利。罗马没有建立统一的教学体系，也没有建立新闻网络来确保集体活动的开展。从马里乌斯和苏拉的时代起，征服者们一直在争夺权力，却没有人想到听取公众对国事的意见。公民精神枯萎了，并且无人在意。所有的国家、组织和人类社会在根本上都是理解和意志的产物。罗马帝国的意志已经不存在了，因此它只能走向灭亡。

然而，尽管罗马帝国的拉丁区在5世纪终结，说拉丁语的天主教会却悄然诞生，天主教的威望和传统即将为教会带来巨大的优势。天主教会之所以能在帝国覆灭后继续存活，是因为它吸引了人们的思想和意志，因为宗教典籍、教育体系和传道士们为天主教会带来了凝聚力，这是比任何法律和军团都要强大的力量。在4世纪和5世纪，帝国衰弱的同时，基督教却传播到了整个欧洲，甚至征服了游牧民族的征服者们。当匈奴王阿提拉准备进攻罗马时，罗马教皇仅靠道德力量便使他放弃了攻击，这是军队做不到的。

罗马教皇是天主教会的最高领袖。当不再有皇帝时，他开始获得至高无上的头衔和奖励。教皇成为罗马大祭司，这是皇帝的各种头衔中最古老的一个。

41. 拜占庭帝国与萨珊王朝

罗马帝国东部的希腊语地区比西罗马帝国延续了更长时间。罗马帝国的拉丁语地区在公元5世纪的巨大灾难中分崩瓦解，东罗马帝国却躲过了这场灾难。阿提拉多次进犯狄奥多西二世的领地，甚至兵临君士坦丁堡城下，然而君士坦丁堡仍然屹立不倒。努比亚人沿着尼罗河流域洗劫了上埃及，但下埃及和亚历山大城仍保持着繁荣。小亚细亚的大部分地区抵挡了来自波斯的萨珊王朝的入侵。

公元6世纪对西方世界来说是彻底的黑暗时代，在这个世纪，希腊的力量得到了很大的复兴。查士丁尼一世（527—565年）是一位充满了野心与活力的统治者，他的皇后西奥多拉曾经是一名女演员，能力与他不相上下。查士丁尼从汪达尔人手上夺回了北非，又从高卢人手上夺回了意大利，甚至还收复了西班牙。他没有把精力局限于用兵打仗。他还创办了大学，在君士坦丁堡修建了圣索菲亚教堂，并编纂了罗马法。然而为了消除君士坦丁堡大学的竞争对手，他下令关闭了自柏拉图起已存在了近千年的雅典学院。

从公元3世纪起波斯帝国便一直是拜占庭帝国的对手，两国之间的纷争使得小亚细亚、叙利亚和埃及长期饱受动乱之苦。在公元1世纪时，这些地区尚且物产富饶，人口众多，并拥有高度的文明。然而敌人的多次进攻、屠杀、劫掠和重税耗尽了往日的繁荣，昔日的城市如今只剩断壁残垣，幸存的农民三三两两生活在乡间。在这种贫穷与动乱的状况下，下埃及受到的损害不像其他地区那么严重。亚历山大城和君士坦丁堡一样，继续维持着东部和西部之间的贸易。

在饱受战争与贫穷摧残的波斯帝国和拜占庭帝国里，科学和政治哲学似乎已经灭亡了。雅典最后的哲学家们在忍受压迫的同时怀着极大的敬意把伟大的哲学经典保存了下来，并希望它们能够重见天日。然而世上却没有能够继承这些著作里的直言不讳和质疑精神的敢于独立思考的绅士阶级。社会动荡和政治风波是这一阶级消失的主要原因，然而导致这一时代知识匮乏的还有一个原因。波斯和拜占庭都是宗教国家，信仰的狭隘极大地束缚了自由思想。

世界上最古老的帝国都是围绕着对神或神王的崇拜而建立起的宗教国家。亚历山大大帝和历代恺撒皇帝都被视若神明，人们甚至为他们建起了神庙，并把对他们的供奉看作是对国家的忠诚。然而这些古老的宗教只是流于形式，并没有占据人们的思想。如果一个人只在行为上向神献祭和跪拜，他在言谈和思想上不会有太大的变化。然而这时的一些新兴宗教，尤其是基督教把关注转向了人们的内心。这些新兴宗教要求的不仅是虔诚，还有对教义的理解。人们对于信仰的理解通常是相互冲突的。这些新兴宗教是信条宗教。世界上第一次出现了"正统"这一概念，它要求人们不仅在行为上，也要在言语和思想上严格遵守一套固定的教义。持有错误的观点，甚至把错误的观点告诉别人，这不再被视作智力上的不足，而被看作道德缺陷乃至灵魂的堕落。

阿尔塔薛西斯一世在公元3世纪建立了萨珊王朝，君士坦丁大帝在4世纪重建了罗马帝国，他们都曾向宗教组织寻求帮助，因为他们在这些组织里看到了一种控制和利用人类意志的新的方式。在4世纪结束前，波斯和罗马已经开始迫害言论自由和宗教改革。阿尔塔薛西斯在波斯发现了拥有祭祀、神庙、祭坛和圣火的琐罗亚斯德教（又称拜火教），并把它立为国教。在公元3世纪结束前，琐罗亚斯德教对基督教徒进行着迫害。公元277年，曼尼教的创始人被钉死在十字架上，尸体被剥皮。而君士坦丁堡则忙于追捕基督教的异端邪说。曼尼教的思想污染了基督教，因此它必将受到最严厉的打压。基督教思想也相应地影响了琐罗亚斯德教的纯正性。所有的思想都遭到了怀疑。科学的进步离不开自由的思想，因此科学事业在这段时期陷入了彻底的黑暗。

这一时期的拜占庭帝国充斥着战争、宗教限制和人类的各种恶行。这幅危机四伏的画面里鲜有快乐与光明。拜占庭和波斯帝国不是忙于抗击北方的游牧民族，就是在侵犯小亚细亚和叙利亚。然而即使拜占庭和波斯联手，也很难战胜蛮族并重建往日的辉煌。突厥人或鞑靼人在早期曾与不同的势力结盟。公元6世纪，查士丁尼和科斯罗伊斯一世形成了分庭抗礼的局势。公元7世纪初，赫拉克利乌斯和科斯罗伊斯二世形成了对峙（580年）。

从赫拉克利乌斯登基后（510年）科斯罗伊斯二世就一直占据着优势。他占领了安提俄克、大马士革和耶路撒冷，他的军队抵达了位于小亚细亚的卡尔西登，并对君士坦丁堡虎视眈眈。619年他征服了埃及。随后赫拉克利乌斯发起反击，并在尼尼微打败了一支波斯军队（627年），尽管那寸波斯军队仍然驻扎在卡尔西登。628

年，科斯罗伊斯二世被其子卡瓦德推翻并遭到谋害，两个元气大伤的帝国暂时达成了和解。

这便是拜占庭与波斯之间最后的一场战争。然而，人们尚且不知道当时在沙漠地区酝酿的一场风暴即将彻底终结这段毫无意义的斗争史。

赫拉克利乌斯正在恢复叙利亚的秩序，这时他收到了一封信。这封信来自大马士革以南的帝国前哨站波斯特拉，是用一种沙漠地区的闪米特语言——阿拉伯语写成的，有人为皇帝翻译了这封信。写信的人自称"神的先知穆罕默德"，他呼吁皇帝承认唯一的真主并服侍神。皇帝的答复没有被记录下来。

泰西封的卡瓦也收到了相似的信息。他生气地撕毁了信，并赶走了信使。

信中的这位穆罕默德是贝都因人的首领，他的部落建在沙漠中的城市麦地那。他在传播一种新的宗教，即对唯一的真主的信仰。

"既然如此，主啊！"他说，"从卡瓦手中收回你的王国吧。"

42. 中国的隋唐时代

在公元5世纪至8世纪里，蒙古人一直在稳定地向西迁移，阿提拉率领的匈奴人不过是这场大迁徙中的先驱。蒙古人在芬兰、爱沙尼亚、匈牙利和保加利亚等地都建立了定居点，并繁衍至今，他们的后代使用类似土耳其语的语言。蒙古人对欧洲、波斯和印度的雅利安文明的影响就像10~15个世纪之前雅利安人对爱琴海文明和闪米特文明的影响。

中亚的土耳其人已经在土耳其斯坦西部定居，很多土耳其人已经在波斯担任了官职或成为雇佣兵。帕提亚人已经融入了波斯人之中。中亚不再有雅利安游牧部落，他们已被蒙古人所取代。土耳其人成为从中国边境到里海地区的主人。

公元2世纪末期爆发的大瘟疫不仅摧毁了罗马帝国，也毁灭了中国的汉王朝。中国迎来了一段分裂时期。面对匈奴人的入侵，中国比欧洲更迅速地获得了更彻底的新生。在公元6世纪结束前，隋朝统一了中国。到赫拉克利乌斯成为罗马皇帝时，隋朝已被唐朝取代，唐朝见证了中国历史上的又一个盛世。

中国在公元7世纪到9世纪是世界上最稳定、文明程度最高的国家。汉代时北方的边境得到了拓展，南方在隋唐时期得到了发展，中国的领土规模开始接近如今的样子。中国在中亚地区进一步扩张，通过附属的突厥部落延伸至波斯和里海。

这时的中国与汉代相比有了很大的不同。诗歌的复兴带来了一个更有活力的新兴文学流派。佛教对哲学和宗教思想做出了改革。艺术在技巧上和对美好生活的呈现上都取得了巨大的进步。人们开始饮茶，并发明了造纸术和雕版印刷术。数百万中国人民过着有序、优雅、和谐的生活，与此同时，欧洲和西亚却仍处于动乱与衰退之中。当西方世界的思想被宗教狂热所禁锢时，中国人的思想却保持着开放、宽容与好奇。

唐太宗的统治始于627年，同年赫拉克利乌斯在尼尼微获得了胜利。为了在波斯后方寻求同盟国，赫拉克利乌斯派使者来到唐朝。波斯也派出了基督传教士出使唐朝（635年）。传教士向唐太宗讲解了基督教义。太宗仔细阅读了《圣经》的译本后，宣布可以接受这一陌生的宗教，并允许修建基督教会和修道院。

穆罕默德的使者也来到了唐朝（628年）。他们乘坐商船从阿拉伯沿印度海岸抵达广州。唐太宗与赫拉克利乌斯和卡瓦不同，他亲切地接待了这些使者，对他们的神学理念表示了兴趣，并帮助他们在广州修建了清真寺。据说，这是世界上现存最古老的清真寺。

43. 穆罕默德和伊斯兰教

在公元7世纪初期，人们有理由得出这样的结论：再过几个世纪欧洲和亚洲就会完全落入蒙古人的统治之下。西欧尚且没有任何和平或统一的征兆，拜占庭帝国和波斯帝国在相互斗争中两败俱伤。印度也处于分裂和颓废中。而另一方面，古代中国却在稳定发展，当时中国的人口很可能超过了欧洲全境人口，中亚地区逐渐壮大起来的突厥人更倾向于与中国合作。这一结论并非空穴来风。13世纪时将出现一位蒙古可汗，他的统治范围从多瑙河流域一直延伸到太平洋，土耳其帝国将统治整个拜占庭帝国、波斯帝国、埃及和印度的大部分地区。

这一预言的错误之处在于轻视了欧洲的拉丁语区的恢复力，并且忽视了阿拉伯沙漠的潜在力量。长期以来，阿拉伯世界似乎从未发生改变，一直是一些相互争斗的小型游牧部落的避难所。在长达千年的时间里闪米特人从未在这里建立帝国。

随后，贝多因人突然带来了一个世纪的短暂繁荣。他们把自己的法律和语言从西班牙传播到了中国边境。他们给世界带来一种新

169

的文化。他们创造的宗教至今仍在世界范围具有重要影响。

点燃阿拉伯世界的火焰的是一个名叫穆罕默德的年轻人，他娶了麦加城里一个富商的寡妇。他在40岁之前一直默默无闻。但他对宗教讨论怀有极大的兴趣。当时的麦加供奉着黑色圣石克尔白，是阿拉伯地区有名的朝圣地。很多犹太人也生活在这里——实际上阿拉伯南部全都信仰犹太教——在叙利亚还有基督教会。

穆罕默德在40岁左右时开始像犹太先知那样拥有了预言能力，可以看清1 200年后的世界。他先对妻子讲述了真主的存在，以及真主对善人的奖励和对恶人的惩罚。他的思想毫无疑问受到了犹太教和基督教的强烈影响。他聚集了一小群信徒，开始在麦加传教，并反对主流的偶像崇拜。由于对克尔白的朝圣构成了麦加的主要收入来源，他在当地人之间很不受欢迎。但这却使他在传教时更加勇敢和坚定，甚至自称是真主选中的先知，肩负着完善教义的任务。他称亚伯拉罕和耶稣基督为前任先知。他被选中来彻底揭示神的旨意。

他留下了一些据说由天使传达给他的诗篇，他在幻象中看到自己被带到天堂，接受神授予的使命。

随着他的影响逐渐扩大，周围的人们对他的敌意也越来越深。最终有人计划谋杀他，他在忠实的朋友与信徒阿布·伯克尔的帮助下逃往麦地那，在这里他的信仰得到了接纳。麦加与麦地那之间最终签署了协议，麦加接受了对唯一真主的信仰，并承认穆罕默德是真主的先知，但新宗教的信徒仍要像异教时代那样到麦加朝圣。于是穆罕默德在麦加建立了对唯一真主的信仰，并且没有破坏朝圣的习俗。在向赫拉克利乌斯、唐太宗、卡瓦等统治者们派出使者的一年之后，穆罕默德于629年返回麦加并成为城主。

穆罕默德在四年后（632年）逝世，生前他的宗教传播到了整个阿拉伯地区。他口述了一部戒律和经书——《古兰经》，并宣称书中的内容是神传达给他的。《古兰经》被看作是文学经典或哲学著作，但显然并非神的话语。

尽管穆罕默德的生活和著作里存在着缺陷，他为阿拉伯世界留下的伊斯兰教仍然蕴含了巨大的力量和启发性：一是坚定的一神论，对唯一真主的信仰以及对复杂的神学思想的解脱；二是对祭司和神庙等祭祀仪式的疏离，伊斯兰教是一种先知宗教，彻底断绝了血祭的可能性。《古兰经》中对麦加朝圣的仪式进行了严格的限制，穆罕默德也采取了一切措施防止自己在死后被神化；三是伊斯兰教强调上帝面前人人平等，无论肤色、出身和社会地位，所有信徒都是兄弟。

这就是伊斯兰教对人类历史产生重大影响的原因。据说，伊斯兰帝国真正的建立者与其说是穆罕默德，不如说是他的朋友和帮助者阿布·伯克尔。如果说性格多变的穆罕默德构成了原始伊斯兰教的思想和想象力，那么阿布·伯克尔便是它的良心和意志。每当穆罕默德动摇时，阿布·伯克尔便会使他重回正轨。在穆罕默德死后，阿布·伯克尔成为哈里发（即后继者），他怀着对真主阿拉的坚定信仰开始征讨世界。根据公元628年先知在麦地那给世界各国的统治者们所写的信，我们得知他的军队中仅有3 000至4 000名阿拉伯士兵。

44. 阿拉伯世界的辉煌

接下来发生的故事是人类历史上最精彩的军事征服。拜占庭军队于634年在耶尔穆克（约旦的一个属国）之战中被击溃，而帝国的物资早已在波斯战争中消耗殆尽，饱受病痛折磨的皇帝赫拉克利乌斯眼睁睁地看着他刚占领不久的叙利亚、大马士革、帕尔米拉、安提俄克、耶路撒冷等地几乎毫无抵抗地落入穆斯林手中。大部分人皈依了伊斯兰教。穆斯林随后开始了东征。波斯人选出了一位骁勇善战的将军鲁斯塔姆，并训练了很多大象参与战斗。他们在卡德西亚（637年）与阿拉伯人展开了长达3日的激战，并以惨败告终。

阿拉伯人随后征服了波斯全境，建立了西至土耳其斯坦、向东与中国接壤的穆斯林帝国。面对阿拉伯人的进攻，埃及几乎毫无招架之力。出于对《古兰经》的狂热信仰，阿拉伯人摧毁了亚历山大城的图书馆的抄书制度。阿拉伯军队沿着非洲北部海岸抵达了直布罗陀海峡和西班牙。西班牙在公元710年遭到了入侵。公元720年，战线推进到了比利牛斯山。公元732年，阿拉伯人已经抵达了法国中部，然而阿拉伯的攻势最终止于普瓦捷之战，随后又退回了比利牛斯山。征服埃及后，阿拉伯人缴获了一艘战舰，一时之间君士坦丁堡似乎危在旦夕。公元672年至718年间，君士坦丁堡成功抵挡住了阿拉伯人发动的多次攻击。

阿拉伯人在政治领域缺乏天赋，也缺少经验，因此这个定都于大马士革，西起西班牙东至中国的庞大帝国注定将很快分崩离析。信仰上的差异从一开始就威胁着帝国的统一。然而我们关注的不是阿拉伯帝国在政治上的分裂，而是它对人类的思想和命运所产生的影响。阿拉伯智慧在世界范围的传播比一千年前的希腊文明更为迅猛。阿拉伯文明极大地刺激了中国以西的世界的学术发展，在很大程度上破除了旧观念，并发展了新观念。

阿拉伯人在波斯不仅接触到了摩尼教、琐罗亚斯德教和基督教的教义，还接触到了希腊的科学文献，这些古希腊的研究成果不仅得到了保存，还被翻译成了叙利亚语。他们在埃及也发现了古希腊的研究，并且在世界各地，尤其是西班牙发现了犹太人积极的思辨传统。他们在中亚接触到了佛教，并见证了古代中国的物质文明成就。他们向中国人学习了造纸术，这为书籍的印刷提供了条件。最后，他们还接触了印度的数学和哲学。

阿拉伯人迅速改变了在信仰的早期阶段把《古兰经》视作唯一真理的排外思想。阿拉伯人在开拓疆土的过程中不断学习着当地的文化。到公元8世纪，"阿拉伯世界"中到处都兴起了教育组织。公元9世纪时，西班牙科尔多瓦的学者们可以与开罗、巴格达、布哈拉和撒马尔罕等地的学者互相通信。犹太人的思想迅速被阿拉伯人吸收，在一段时期里这两个闪米特民族曾通过阿拉伯语进行合作。即使在政治力量衰弱之后，阿拉伯语世界的知识界仍得以保存，并在13世纪继续产出显著的文化成果。

于是，发源于希腊的知识的系统性的收集与评论在闪米特世界里重获新生。亚里士多德和亚历山大博物馆所种下的智慧之种在漫长的沉寂之后终于发芽，开始结出果实。数学、医学和物理学等领域都取得了巨大的进步。

复杂的罗马数字被阿拉伯数字所取代，并沿用至今，数字0首次亮相。"代数"（algebra）一词便源于阿拉伯语。"化学"（chemistry）也是如此。大陵五（Algol）、毕宿五（Aldebaran）和牧夫座（Boötes）等星座的发现标志着阿拉伯人在天文学领域的成就。阿拉伯哲学为中世纪的法国、意大利和整个基督教世界的哲学研究注入了活力。

阿拉伯的实验化学家被称为炼金术士，他们仍然很传统，不愿将研究方式和成果公之于众。他们从一开始就意识到了潜在的发现将给他们带来多么巨大的利益，并对人类的生活产生多么深远的影响。他们发现了大量珍贵的冶金设备与工艺：合金、染料、蒸馏术、酊剂、香料和光学镜片，然而在他们最重视的两个领域却一无所获。其中之一是"贤者之石"——它可以把一种金属转化为另一种金属，从而获得人造黄金；另一个则是长生不老药——可以使人恢复青春、获得永生的药水。阿拉伯炼金术士们的实验传入了基督教世界。他们的研究得到了广泛传播。这些炼金术士们开始了交流与合作。他们发现与他人交换和比较观点能给自己带来更大的利益。后来，炼金术士们逐渐成为早期的实验科学家。

古代的炼金术士们在寻求能将普通金属转化为黄金的贤者之石和长生不老药的过程中发现了现代实验科学的方法，最终，这为人类带来了征服世界和改变命运的无限力量。

45. 基督教国家的发展

在公元7世纪和8世纪，雅利安人的势力范围显著缩小。1 000年前，雅利安人几乎占据了中国以西的文明世界。如今，蒙古人的势力扩展到了匈牙利，除了拜占庭帝国在小亚细亚的领土之外，亚洲、非洲和几乎整个西班牙已经完全脱离了雅利安人的控制。曾经辉煌的希腊世界缩小到只剩下君士坦丁堡和一些周边城市。罗马文化的记忆被基督教牧师保存下来。与雅利安文明的倒退形成鲜明对比的是，闪米特人在沉寂了1 000年后终于从压迫中崛起。

然而北欧民族的活力并没有消耗殆尽。尽管他们的活动范围被限制在了欧洲中部和西北部，并且他们的社会结构和政治理念仍是一片混乱，他们仍然逐步地建立起了新的社会秩序，并在无意识中养精蓄锐，准备迎接超越往日的辉煌。

我们已经讲过，西欧在公元6世纪初时还没有中央政府。地方统治者各自为政。这种情势过于不安定，无法长期维持。在混乱的局势中，一种合作与统一的封建制逐渐得到了发展，并在欧洲历史上留下了延续至今的足迹。这和封建制度是社会力量的结晶。一个单独的个体无论身处何地都会感到不安，因此以放弃部分自由为代价换取帮助和保护。个体寻求强大的人作为自己的领主和保护者，为了领主而服兵役和纳税，并拥有与之相应的财产权。他的领主则隶属于更强大的领主。城市也乐于让封建领主成为自己的保护者，修道院和教堂也服务于领主。毫无疑问，这种对领主的忠诚在很多情况下是不得已而为之。在领主之下，权力逐渐递减。就这样，一套权力的金字塔制度逐渐发展起来，这套制度在不同地区有着很大的差异，起初伴随着大量的暴力和战争，然后逐渐向秩序和法治过渡。权力金字塔发展到一定程度时便出现了王国。早在公元6世纪初，克洛维已经在今天的法国与荷兰地区建立了法兰克王国，西哥特王国、伦巴特王国和哥特王国都已建立。

穆斯林教徒们在公元720年穿越比利牛斯山后，发现了这座法兰克王国。当时王国处于查理·马特的统治之下，他是克洛维的一个不肖子孙的宫相，他在普瓦捷（732年）击退了这些穆斯林人。查理·马特实际上统治着阿尔卑斯山以北、从比利牛斯山到匈牙利的欧洲全境。他统治着一群说法语–拉丁语，以及高地德语和低地德语的附属国领主。他的儿子丕平三世消灭了克洛维的后代，夺取了最高统治权和国王称号。查理·马特的孙子查理曼大帝于768年登基，这时法兰克王国的领土之辽阔令他想要成为整个拉丁世界的皇帝。他征服了北意大利，成为罗马的主人。

从更广阔的视角来看欧洲历史，我们便能跨越民族主义的局限性，看到这种拉丁化的罗马帝国的危害。虚无缥缈的权力斗争将在之后的1 000多年里逐渐消耗欧洲的能量。在此期间，难以遏制的敌对情绪带着疯子般的痴狂侵占了欧洲的理智。正如查理曼大帝想要成为恺撒，统治者的野心便是驱动力之一。查理曼大帝的统治范围包括一些未开化的日耳曼封地。莱茵河西岸的大部分日耳曼民族已经学会说不同的拉丁方言，这些方言最终相互融合成为法语。莱茵河东岸的血缘相近的日耳曼民族没有放弃他们的日耳曼方言。语言不通而产生的交流困难使得莱茵河两岸的日耳曼民族出现了裂隙。查理曼大帝死后，他的儿子们想要瓜分他的帝国，使得这道裂隙进一步加剧。因此从查理曼时期开始，欧洲便开始了朝代更替。随着法语区和日耳曼语区的敌意逐渐加深，人们相互争夺着国王、王储、公爵和主教的宝座，欧洲的各个城市因此处于动乱之中。每个皇帝最大的野心便是在权力斗争中胜出，来到早已残败不堪的罗马举行加冕仪式。

另一方面，罗马教会想推举教皇为罗马皇帝，取代世俗的朝代更替，这进一步导致了欧洲政局的动荡。教皇是实际上掌管罗马的大祭司，虽然没有军队，但他通过牧师在整个拉丁世界建立了庞大的宣传机构。即使无法控制人们的身体，但他用天堂和地狱控制了人们的想象，进而对人们的思想施加巨大的影响。因此在整个中世纪时期，当王子们为了王位而勾心斗角时，罗马教皇却在计划如何取得所有王子的归顺，进而成为基督教王国的真正的主人。教皇的手段有时大胆，有时狡猾，有时却很无力——因为教皇都是由年长者担任的，并且平均任期不超过两年。

然而，王子之间和皇帝与教皇之间的斗争丝毫没有打破欧洲的混乱局势。君士坦丁堡的皇帝依然说着希腊语，并统治着整个欧洲。查理曼大帝想要复兴帝国，但他只复兴了拉丁语区。帝国的拉丁语区和希腊语区之间自然很快产生了矛盾。在基督教会里，希腊语和拉丁语的教徒之间也迅速产生了分歧。罗马教皇自称是基督十二门徒之首的圣彼得的后继者，也是所有基督教会的领袖。君士坦丁堡的皇帝和元老都不愿承认教皇的权威。拉丁教会和希腊教会之间关于三位一体论的意见分歧引发了一系列的争执，最终在1054年彻底决裂，此后，这两个教派之间一直处于敌对之中。这种敌对是导致拉丁语派的基督教会在中世纪走向衰落的原因之一。

基督教世界不仅经历着内部的分裂，还面对着外界的三股敌对势力。在波罗的海和北海沿岸残存着一些北欧部落，他们对基督教接受得十分缓慢并充满了抵触情绪。这些北欧人成为海盗，并南下骚扰沿岸的基督教国家，甚至侵入西班牙。他们沿着俄罗斯的河流来到了荒凉的内陆，驾驶着他们的船舶来到了南方的水域。他们也在里海和黑海流域进行劫掠。他们在俄罗斯建立了公国，成为后来的俄罗斯人。这些来自北欧的俄罗斯人差一点占领了君士坦丁堡。英国在公元9世纪早期是说低地德语的基督教国家，英王埃格伯特是查理曼大帝的学生。他的后继者阿尔弗雷德大帝（886年）被北欧人夺走了一半的领土。最终，在卡纽特（1016年）的带领下，北欧人成为英国的主人。另一个北欧部落在罗尔夫（912年）的带领下征服了法国北部，也就是后来的诺曼底。

卡纽特不仅统治着英国，还统治着挪威和丹麦，然而由于野蛮民族在政治上的薄弱，在他死后，他的帝国在继承权的争夺中逐渐瓦解。如果这个由北欧人建立的临时性联盟能够留存下来，一定十分有趣。北欧人是勇敢无畏、精力充沛的民族。他们的船舶甚至航行到了冰岛和格陵兰岛。他们是最早抵达美洲的欧洲人。后来，北欧人从萨拉森人手中夺回了西西里岛，并洗劫了罗马。假如卡纽特的王国能延续下来，发展成覆盖北美和俄罗斯的庞大海上帝国，该是多么的令人惊叹啊！

在日耳曼人和说拉丁语的欧洲人的东部，生活着一群斯拉夫人和土耳其人。其中匈牙利人已小有名气，他们曾在公元8世纪至9世纪向西部进军。查理曼大帝抵挡了他们的攻击，在他死后，匈牙利人建立了国家，即如今的匈牙利，并像过去的匈奴人那样在每年夏天侵略欧洲的农耕文明。他们在公元938年经过德国进入法国，穿越阿尔卑斯山来到北意大利，一路烧杀掳掠，胜利而归。

最终，萨拉森人从南方的罗马帝国遗址席卷而来。他们已经成为海上的霸主，他们唯一的劲敌就是黑海上的俄罗斯人和西部的北欧人。

被好战的民族包围住的查理曼大帝和他的后继者们正面临着他们无法理解的力量和难以估计的危险，他们试图以神圣罗马帝国的名义恢复西罗马帝国的辉煌，然而这些努力成为一片徒劳。从查理曼大帝时起西欧在政治上一直沉迷于复兴往日的荣耀，而希腊化的东罗马帝国的力量逐渐衰败，国土不断减少，最终只剩下腐朽的贸易城市君士坦丁堡和周边数英里的领土。查理曼大帝之后的1 000年里，欧洲大陆在政治上一直保持着传统形式，毫无创新。

查理曼大帝在欧洲历史上是一个举足轻重的名字，然而我们并不了解他的个性。他不会读书写字，但他非常尊重学习。他喜欢在吃饭时听人读书，并且沉迷于神学讨论。他在艾克斯拉沙佩勒或美因茨的冬季行宫召集了很多学者，并从他们的讨论中受益良多。到了夏天，他便四处征战，讨伐西班牙的萨拉森人、斯拉夫人、匈牙利人、撒克逊人和其他的日耳曼异教徒部落。我们并不知道成为罗慕路斯·奥古斯都的继承者恺撒的想法是他在征服了北意大利之后自己想到的，还是听从了想让拉丁教会从君士坦丁堡中独立出来的教皇利奥三世的建议。

教皇与未来的罗马皇帝进行了一场令人惊叹的交易。公元800

年的圣诞节，教皇在圣彼得大教堂成功地为这位不速之客和征服者加冕。他把皇冠戴在了查理曼大帝的头上，宣布他为恺撒和奥古斯都。民众之间响起了热烈的掌声。查理曼大帝十分不满意这种形式，他觉得这是一种失败。他仔细嘱咐儿子决不能让教皇为自己加冕，必须从教皇手中夺回王冠，亲自戴在自己头上。于是，这场帝制的复辟开启了教皇和皇帝之间的权力斗争。然而查理曼大帝的儿子路易没有听从父亲的指示，反而归顺于教皇。

路易死后，查理曼大帝建立的帝国瓦解了。说法语的法兰克人和说德语的法兰克人之间的矛盾激化。撒克逊人亨利一世在919年被日耳曼亲王和高级教士们选为日耳曼国王，他的儿子奥拓继位称帝。奥拓于962年来到罗马举行加冕仪式。这一脉撒克逊血统在11世纪初期中断，被日耳曼统治者取代。西部的一些说着不同的法语方言的王公贵族没有受到加洛林血统的日耳曼帝王的影响，查理曼大帝的血统中断了，不列颠从未成为神圣罗马帝国的一部分。诺曼底公爵、法兰西国王和一些小国的统治者保持着独立。

公元987年，法兰西王国脱离了加洛林王朝的统治，于卡佩成为新的国王，他的后代在18世纪依然统治着法国。当时于卡佩只统治着巴黎和周边的一小块领土。

公元1066年，英国几乎同时遭到了挪威国王哈罗德·哈德拉大和诺曼底公爵的攻击，腹背受敌。英王哈罗德在斯坦福德桥战胜了挪威国王，却在黑斯廷斯败给了诺曼底公爵。英国被诺曼人征服，因此脱离了与斯堪的纳维亚、日耳曼和俄罗斯的纠纷，开始了与法国的纠缠和争斗。在接下来的4个世纪里，很多英国人被卷入了法国亲王之间的斗争并战死在法国。

46. 十字军东征和教皇的统治

查理曼大帝曾与哈龙-阿尔-拉许德通信,后者就是《一千零一夜》里提到过的哈里发。有记录显示哈龙-阿尔-拉许德从巴格达(巴格达这时已取代了大马士革成为首都)派出使者。使者携带着精美的帐篷,滴漏,一头大象和圣墓的钥匙作为礼物。最后一件礼物是为了挑起拜占庭帝国与神圣罗马帝国之间的纷争,令两国在耶路撒冷争夺基督教守护者的名义。

这些礼物提醒了我们虽然9世纪的欧洲深陷战乱泥潭,埃及和美索不达米亚的阿拉伯帝国却日益强盛,并且文明程度远超欧洲。阿拉伯的文学和科学得以保留,艺术事业蒸蒸日上。人们可以不受恐惧与迷信的制约而自由思考。即使在政治形势混乱的西班牙和北非,文化事业依然保持着活力。在欧洲的黑暗时代,犹太人和阿拉伯人正在阅读和讨论亚里士多德的著作。他们守护着被遗忘的科学和哲学的种子。

在哈里发领土的东北部生活着一些土耳其部落。他们皈依了伊斯兰教,他们的信仰比南方的阿拉伯和波斯学者们的更简单也更强烈。公元10世纪，土耳其部落的实力逐渐强大，而阿拉伯却陷入了分裂而由盛转衰。土耳其人和阿拉伯帝国的关系变得很像14个世纪前的米底人和古巴比伦帝国。11世纪时，一群塞尔柱土耳其人来到了美索不达米亚平原。哈里发在名义上是他们的统治者，实际却是他们的傀儡。他们占领了亚美尼亚，随即向小亚细亚的拜占庭残余势力发起进攻。1071年，拜占庭军队在梅拉格德之战中惨败，土耳其人彻底消除了拜占庭对亚洲的控制。他们占领了尼西亚要塞，准备攻打君士坦丁堡。

这令拜占庭的皇帝迈克尔七世感到万分恐惧。他正在与诺曼人和土耳其人交战。前者攻下了都拉佐，后者扫荡了多瑙河流域。他在绝望中四处寻求援助。值得注意的是他没有向西罗马帝国的皇帝寻求帮助，而是找到了拉丁世界的宗教领袖——教皇格雷戈里七世。他的后继者亚历克休斯·康尼努斯也曾在更紧急的情况下向乌尔班二世求助。

人们仍然记得发生在不久之前的拉丁教会与希腊教会决裂。这场拜占庭帝国的灾难在教皇看来一定是重新确立拉丁教会的权威、打败希腊反对者们的最佳机会。此外，这一决裂为教皇提供了解决严重困扰西方基督教世界的两个问题的机会。其中的一个问题是破坏社会秩序的"私斗"习俗。另一个问题是低地日耳曼人和信仰基督教的北欧人好斗，尤以法兰克人和诺曼人为甚。基督教会停止了相互之间的斗争，派出十字军要征讨占领了耶路撒冷的土耳其人（1095年）。这场战争的目标是从异教徒手中夺回圣墓。一个被称作隐士彼得的人走遍了法国和德国，以广义的民主方式传教。他穿着破旧的衣服，光着脚，带着巨大的十字架，在街上、市场上或教堂里宣讲。他控诉土耳其人对朝圣的基督徒的迫害，以及圣墓落入异教徒之手的耻辱。基督教在几个世纪的传播终于结出了果实。宗教狂热席卷了西方世界，基督教得到了广泛接受。

这种将人民大众团结在同一种思想下的运动在人类历史上前所未见。在罗马帝国、印度或古代中国从未发生过类似现象。但在犹太人脱离了巴比伦帝国的控制之后发生过类似的小规模运动，后来的伊斯兰教里也存在着类似的集体主义情感。这些运动与宗教的传播带来的生命的新气象有着明显的关系。希伯来先知，耶稣和他的门徒，摩尼，穆罕默德，他们都是人类灵魂的导师。他们让个体的良知直面上帝。在此之前的宗教更像是偶像崇拜，关注的是迷信而不是良知。以往的宗教建基于神庙，创造了祭司和神秘的祭祀，并用恐惧来奴役人民。新的宗教则赋予人民以人性。

第一次十字军东征是欧洲历史上第一次人民运动。称它为现代民主的诞生有些言过其辞，然而现代民主那时正在骚动。不久后我们将看到它再次骚动，并提出一些最令人不安的社会与宗教问题。

当然，民主的首次骚动却在遗憾中结束。为了拯救圣墓，大批来自法国、莱茵兰和中欧的平民代替了军队，在没有领导人也没有武器装备的情况下向东方远征。

拉丁人和希腊人之间的冲突很快再次爆发。十字军隶属于拉丁教会，耶路撒冷的希腊主教发现拉丁人的胜利比土耳其人的统治对自己更为不利。十字军被夹在拜占庭人和土耳其人之间腹背受敌。小亚细亚的大部分领土被拜占庭帝国重新接管。拉丁亲王的地盘只剩下土耳其和希腊之间的一块缓冲带，其中包括耶路撒冷和以叙利亚的埃德萨为首的一些小公国。就连这片缓冲带也岌岌可危。1144年，埃德萨落入穆斯林手中，导致了一场无谓的第二次十字军东征，虽然未能夺回埃德萨，至少使安提俄克避免遭遇同样的命运。

1169年，埃及国王库尔德人萨拉丁召集了一支伊斯兰军队。他对基督徒发起圣战，于1187年夺回了耶路撒冷，并引发了第三次十字军东征。基督徒没能夺回耶路撒冷。第四次十字军东征中（1202—1204年），拉丁教会开始公开反对希腊帝国，甚至不再假装与土耳其人作战。十字军从威尼斯出发，在1204年进攻君士坦丁堡。新兴的伟大的贸易城市威尼斯是这场征战的主导者。拜占庭帝国的大部分海岸和岛屿变成了威尼斯的附属。一位"拉丁"皇帝（弗兰德斯的鲍德温）在威尼斯的扶持下在君士坦丁堡登基。拉丁教会和希腊教会宣布合并。君士坦丁堡的拉丁皇帝在位期是1204—1261年，之后希腊世界再次脱离罗马控制重获自由。

　　10世纪是北欧人的时代，11世纪是塞尔柱土耳其人的时代，而12世纪和13世纪初则是教皇的时代。教皇治下的统一的基督教王国的建立，比以往和未来的任何时刻都更接近现实。

　　在这一时期，单纯的基督教信仰得到了认可，并在欧洲各地广泛传播。罗马自身已经历了一段黑暗、耻辱的时期。很少有作家能够为10世纪时教皇约翰十一世和约翰十二世的生活做出辩解，他们令人厌恶。然而拉丁基督教的灵魂和主体仍是真诚和单纯的。大多数牧师、僧侣和修女过着模范式的虔诚生活。在虔诚生活所创造的信任感中，教会的力量受到了抑制。大格雷戈里、格雷戈里一世（590—640年）和不顾查理曼大帝的意志为其加冕的利奥三世（795—816年）在过去都是声名显赫的教皇。11世纪末期出现了一名伟大的宗教政治家希尔德布兰德，即后来的教皇格雷戈里七世（1073—1085年）。在他之后隔了一位是发动了第一次十字军东征的教皇乌尔班二世（1087—1099年）。这两位教皇拥有比皇帝更大的权力，开创了教皇的鼎盛时期。从保加利亚到爱尔兰，从挪威到西西里和耶路撒冷，教皇都是至高无上的。格雷戈里七世要求亨利四世来到卡诺萨向他赎罪。皇帝穿着粗布衣，光着脚在下雪的庭院里站了三天三夜等待教皇的宽恕。1176年，皇帝费雷德里克·巴尔巴罗萨在威尼斯向教皇亚历山大三世下跪宣誓忠诚。

教会在11世纪初所取得的巨大的权力来自人民的意志和良知。但它却没能维持作为自身权力来源的道德威望。14世纪初，人们发现教皇的力量已经消失。是什么摧毁了人民对基督教会的天真的信任，使他们不再服从教会的征召或服务于教会的事业？

首要的原因当然是教会对财富的积聚。没有子女的人在死后会将土地留给教会，人们在忏悔时便会受到这样的规劝，而教会永远不会死亡。因此在很多欧洲国家里，四分之一的土地都属于教会。人民越是依赖教会，教会对财产的欲望便越强烈。到了13世纪，到处都流行着这样的说法：没有一个牧师是好人，他们一直都在敛财。

王公贵族们对土地的损失非常不满。他们发现一些拥有军事力量的领主们的土地供养着修道院、修士和修女们。这些土地实际上并不属于他们。甚至在格雷戈里七世之前，王族和教会之间就"授权"的问题已经产生争执，他们争论的是究竟谁有权任命主教。如果这一权力属于教皇，那么国王不仅将失去臣民的道德归属，也将失去大片的领地。同时，神职人员不必对国王纳税。他们的税直接交到罗马。不仅如此，教会还要求信徒在对领主缴纳税款之外，交付财产的十分之一给教会。

在11世纪，几乎所有的基督教国家都经历着相同的历史——君主和教皇就"授权"而产生的纠纷。通常的获胜者是教皇。他声称自己有驱逐王室的权力，能够免除臣民对王室的效忠，并让他们效忠于继任者。他声称自己能对国家下达禁令，终止除洗礼、坚信礼和忏悔之外的所有宗教活动，牧师不能提供日常的宗教服务，不能主持婚礼，也不能主持葬礼。这两件武器使12世纪的教皇得以控制最顽固的王族并威慑最不服从管教的人民。这种力量极其强大，只能在特殊的场合使用。后来教皇们过于频繁地使用这些权力，使它们的效果大打折扣。12世纪的最后30年里，苏格兰、法国和英格兰轮流处于禁令之中。并且教皇们忍不住向犯忌的王族宣战——直到十字军的精神最终覆灭。

如果罗马教会只与王族进行对抗，并履行自己照顾平民灵魂的职责，也许它能在基督教世界获得永远的统治权。然而教皇的野心在神职人员之间则体现为傲慢的举止。11世纪前的罗马教士可以结婚，他们生活在人民之间，与人民有着密切的联系，他们就是人民的一部分。然而格雷戈里七世下令教士保持独身，为了使教士们更加忠于罗马，他切断了教士和民众之间的密切联系。这实际上在教会与民众之间制造了裂痕。教会拥有自己的宗教法庭。除了涉及牧师的案件，还有涉及修士、学生、十字军、寡妇、孤儿和无助者的案件都受到宗教法庭的制裁，所有涉及意志、婚姻、誓言、巫术、异端和渎神的案件也由宗教法庭审理。每当平民与教士产生纠纷时，便不得不向宗教法庭申诉。所有责任都由平民承担，而教士却不受任何处罚。于是对教士的嫉妒和仇视在基督教世界里蔓延开来便毫不奇怪。

罗马教会从未意识到他的力量来源于平民的良知。教会对抗着本应成为同盟的宗教狂热者，把正统教义强加于诚实的质疑和反常的观念之上。当教会对与道德有关的事件进行干预时，会得到民众的支持，然而当教会干预与教条有关的事件时，是争取不到民心的。沃尔多在法国南部宣讲信仰和生活回归耶稣的本真时，英诺森三世下令讨伐沃尔多教派。沃尔多的追随者们遭受了火刑、武力镇压、强奸和最残忍的虐待。阿西西的圣弗朗西斯（1181—1226年）教导人们效仿耶稣基督，过清贫和奉献的生活，方济会的信徒们受到了迫害，他们被鞭打、囚禁和流放。1318年，四名方济会教徒在马赛被处以火刑。另一方面，圣多米尼克（1170—1221年）创立的正统的道明会则受到了英诺森三世的大力支持。教皇在道明会的帮助下建立了宗教裁判所，专门追捕异端教派和迫害自由思想。

由于滥用权力、享受不公正的特权以及对异见的疯狂迫害，教会亲手摧毁了自身力量的最终来源——平民的自由信仰。罗马教会的衰落不是由于外敌的干扰，而是来自内部的持续的腐败。

47. 王室的反抗与教会大分裂

　　罗马教会在确保自身对全体基督教国家的统治地位时，存在着一个巨大的弱点，那就是教皇的产生方式。

　　如果教会真的想实现昭然若揭的野心，建立适用于整个基督教世界的统一的规则与和平，那么它必须首先确立一个强大、稳定和连续的方向。在教会占据优势的那些年里，首先需要有一名正值壮年的有能力的教皇。每一任教皇都应该与自己指定的继任者讨论教会的方针。选举的形式和流程应当清晰、明确、不可改变也不容置疑。遗憾的是这些条件都未达成。我们甚至不清楚什么样的人有权选举教皇，也不清楚神圣罗马帝国的皇帝对此事是否拥有话语权。伟大的宗教政治家希尔德布兰德（教皇格雷戈里七世，1073—1035年）采取了很多措施来规范选举。他将选举权限制在了枢机主教（Cardinal）手中，削减了教会赋予皇帝的表态权，但他没有规定教皇应指定继任者。枢机主教之间意见的不统一可能导致教皇之位的空缺，有些情况下教皇之位曾经空缺过一年或几年。

　　缺乏明确定义的教皇选举造成的后果一直延续到16世纪。从选举结果在早期开始就存有争议。曾有两人甚至更多人自称是教皇。教会不得不忍着屈辱请皇帝或其他外界仲裁者解决这一纠纷。历任伟大教皇在生涯结束后都留下了疑问。教皇死后，群龙无首的教会必然陷入职能混乱。继任者有可能是前任教皇的宿敌，一心只想抹黑和破坏前任教皇的成就；也有可能是风烛残年的老人。

教皇在组织结构上的弱点不可避免地引来了外界干涉。一些日耳曼亲王、法国国王、统治英国的诺曼和法国国王都试图干预教皇的选举，从而在罗马教廷中扶植代表自身利益的教皇。教皇对欧洲政务的影响力越大，外界的干预便越迫切。在这种情况下，力量微弱的人当选为教皇便不足为奇。令人惊讶的是，很多教皇拥有能力和魄力。

这一时期最有活力也最有趣的一位教皇是英诺森三世（1198—1216年），他很幸运，在38岁之前便成了教皇。他和他的继任者们面对的是性格更有趣的皇帝弗雷德里克二世，人称"世界的奇迹"。这位君主与罗马教会之间的斗争是历史的转折点。最终教会打败了他，并摧毁了他的王朝，但他给教会和教皇的声誉造成了严重的损伤，最终导致了罗马教会的衰败。

弗雷德里克二世是亨利六世的儿子，他的母亲是西西里国王罗杰一世的女儿。他于1198年继位，当时他年仅四岁。英诺森三世曾是他的监护人。当时的西西里刚被诺曼人征服。宫廷官员有一半来自东方，很多人是受教育程度很高的阿拉伯人，其中一些人负责年轻国王的教育。他们在向他阐释自己的观点时无疑遭遇了很大的困难。他学会了用穆斯林的眼光看基督教，用基督教的眼光看伊斯兰教。这两套学习系统产生了不好的结果，使他认为所有宗教都是谎言。这在当时是很不寻常的。他自由地发表着对宗教的见解，留下了异端和渎神的记录。

在成长的过程中，他发现自己与监护人产生了分歧。英诺森三世对养子的要求过高。当轮到弗雷德里克继位时，教皇提出了条件。弗雷德里克必须铲除德国的异端邪说，并且放弃对西西里和南意大利的统治，因为教皇担心他权力过大，同时取消对德国教士征税。弗雷德里克同意了，但他并不打算落实这些承诺。教皇已经诱导法国国王对自己的臣民开战，对沃尔多教派进行了残酷的镇压。他希望弗雷德里克在德国效仿法国国王镇压异端。然而弗雷德里克本人的异端思想比令教皇憎恶的牧师们更严重。他并没有发动宗教战争的冲动。当英诺森催促他征讨穆斯林并收复耶路撒冷时，他同样口头答应下来，却没有落实于行动。

弗雷德里克在继位之后留在了西西里，比起德国他更愿意生活在这里。他没有实现对英诺森三世的任何承诺，后者在1216年郁郁而终。

荷诺里三世是英诺森的继任者。他同样拿弗雷德里克没办法。格雷戈里九世（1227年）成为教皇后，决心不惜任何代价与这位年轻的国王做个了断。他将他逐出教会。弗雷德里克二世将享受不到任何宗教权利。然而在拥有一半阿拉伯人的西西里宫殿中，这一禁令并没有造成多大的不便。同时，教皇发表了一封公开信，历数皇帝的罪恶（这些罪名是不容置疑的）。他的异端思想和他的行为不端。对此，弗雷德里克做出了猛烈的回击。他把此事上升为针对所有欧洲王室，发表了关于教皇与王室纷争的第一封清楚的声明。他严厉抨击了教皇统治全欧洲的野心，并建议王室统一起来对抗教皇。他还特意将王室的注意力引向了教会的财富。

在扔下这枚重磅炸弹后，弗雷德里克决定实现12岁时的承诺。

他发起了第六次十字军东征（1223年）。这是一场滑稽可笑的战争。弗雷德里克二世来到埃及与苏丹会谈。这两位统治者都是怀疑论者。他们和谐地交换了意见，达成了共赢的协议，将耶路撒冷转让给弗雷德里克。这是一场通过私下协商达成的新型的十字军东征，过程中不流一滴血，也没有'喜悦的泪水"。由于发起东征的国王已被逐出教会，所有的教士都不得不回避他。他很乐意举行一场世俗的加冕仪式，亲手从圣坛上取下王冠，成为耶路撒冷的国王。然后他返回了意大利，赶走了入侵他领土的教会军队，并要求教皇撤销对他的驱逐令。于是我们看到王室在13世纪时已经可以反抗教皇，并且人民不会因此而义愤填膺。对教会的同情已经是过去的事了。

1239年格雷戈里九世再次与弗雷德里克作对，第二次将他逐出教会，同时再次遭到了舆论谴责。格雷戈里九世死后，英诺森四世继任教皇一职，争执再起。弗雷德里克再次发表了一封极具破坏性的公开信，信的内容历历在目。他谴责了教士的傲慢和不虔诚，把当时的腐败现象全部归咎于教士的骄傲和敛财。他呼吁其他王室没收教会财产，并称这么做对教会有好处。后来这条建议一直占据着欧洲王室的脑海。

我们不会继续讲述他的晚年生活，这些细节与他的整体经历相比是微不足道的。我们可以拼凑出他在西西里的宫殿中的生活。他过着奢侈的生活，喜欢精美的物品。据说他行为放纵，但他显然是个充满好奇心和探究精神的人。他的宫廷上聚集了犹太人、穆斯林和基督教的哲学家。他把撒拉逊人的影响带到了意大利。他让基督教的学生们接触到了阿拉伯数字和代数。他的宫廷里有一位名叫迈克尔·斯科特的哲学家。他翻译了亚里士多德的部分作品和阿拉伯哲学家（来自科尔多瓦的）阿威罗伊的评注。公元1224年弗雷德里克创办了那不勒斯大学，并扩建了萨勒诺大学的医学院。他还建立了一座动物园。他写了一本关于猎鹰的书，书中记载了他对鸟类习性的敏锐观察。他还是最早创作意大利诗歌的人之一。意大利诗歌就诞生于他的宫殿。他被一位优秀的作家成为"现代第一人"，这个称号充分体现了他对知识的客观态度。

教皇与法国国王的冲突暗示了教皇的力量日益衰退。德国在弗雷德里克二世生前陷入了分裂，教皇落入了霍亨斯陶芬王朝历代皇帝的掌控之中。法国国王开始扮演教皇的保护者、支持者和对手的角色。一些教皇采取了支持法国王室的政策。在罗马教会的支持和许可下，法国王子们成为西西里和那不勒斯的统治者。法国国王看到了恢复并统治查理曼帝国的可能性。然而，在弗雷德里克二世死后，霍亨斯陶芬王朝迎来了终结。鲁道夫成为哈普斯堡王朝的第一任皇帝（1273年），罗马教会开始在法国和德国之间摇摆，每一任教皇的倾向都与上一任不同。1261年，希腊人从拉丁人手中夺回了君士坦丁堡，新的希腊王朝的创立者迈克尔八世做出了与教皇和解的不现实尝试，随后彻底脱离了罗马教会。再加上罗马教会在亚洲的失利，教皇对东方世界的支配终于结束了。

1294年，博尼费斯八世成为教皇。他是意大利人，对法国抱有敌意。他对罗马的传统和使命抱有强烈意识。他曾执行过一段时间的高压政策。1300年，他大赦天下。大批信徒聚集到了罗马，"大量金钱流进了教宗的金库，两名助手一直忙着用耙子收集人们留在圣彼得墓地的供品"。然而这次庆典带来的胜利只是一场错觉。1302年，博尼费斯和法国国王产生了冲突。1303年，就在他即将宣布把国王逐出教会时，他在阿纳尼的教皇宫殿里被纪尧姆·德·诺加莱突然逮捕。国王的手下闯入宫殿，找到了主教的卧室——惊恐的主教手握十字架躺在床上——并对主教肆意威胁和辱骂。一两天后，主教被市民们解救出来，并回到了罗马。然而他又成为奥尔西尼家族的俘虏。几周之后，这位惊恐的老人在被囚禁的过程中一命呜呼。

阿纳尼是教皇的故乡，因此当地的人民从诺加莱手中救出了教皇。需要注意的是，法国国王对基督教领袖的粗暴对待得到了人民的许可。国王事先召开了三级会议，取得了贵族、教士和平民的许可后才展开了行动。这次行动在意大利、德国和英国都未受到丝毫的反对。当基督教失去了对人们的思想的控制时，它便彻底衰退了。

在整个14世纪里，教皇们没有采取任何措施恢复自身的道德影响。下一任当选的教皇克莱芒五世是法国人，他是法国国王菲利普的选择。他没有去罗马就职，而是把教廷设在了阿维尼翁，当时的阿维尼翁虽然地处法国境内，却不属于法国，而是属于教皇，克莱芒五世之后的历代教皇已生活在这里，直到1377年，格雷戈里十一世回到了罗马的梵蒂冈。然而格雷戈里十一世没能带回整个罗马教会。许多枢机主教是法国人，他们已经习惯了阿维尼翁当地的生活，并在这里建立了人际关系。1378年，格雷戈里十一世逝世后，意大利人乌尔班六世被选为教皇，反对他的枢机主教们声称选举无效，他们选择了另一位反教皇，克莱芒七世。这次事件被称为教会的大分裂。教皇们生活在罗马，所有法国的敌对势力——罗马皇帝、英国国王、匈牙利、波兰和北欧都效忠于教皇。反教皇则留在了阿维尼翁，并得到了法国国王的支持，他的同盟还包括苏格兰王、西班牙、葡萄牙和一些日耳曼亲王。每个教皇都唾弃和诅咒对手的信徒（1378—1417年）。

因此，欧洲各国人民开始关注自身的需求而非宗教要求就没什么奇怪了。

在上几章里我们已经讲过了方济会和道明会的开端，它们只是许多个新生的基督教派之中的两个，根据这些教派本身的性质，它们有的维护教会的利益，有的破坏教会的权威。尽管方济会曾遭到残酷镇压，但这两个教派都被教会吸收和利用。其他的教派对教会的反抗和抨击则更加明显。一个半世纪后，在牛津出现了一位博学的医生威克里夫（1329—1384年）。在他生命的晚期，他开始公开谴责牧师的腐败和教会的愚昧。他组织了一些贫穷的牧师，组成了威克里夫派，在英国各地传播他的思想。为了使人们能够对教会做出自己的判断，他把圣经翻译成了英语。他的学识与能力超越了圣弗朗西斯和圣多米尼克。他拥有位高权重的支持者，也拥有民众的支持。尽管罗马下令将他打入监狱，他生前仍是自由的。然而在黑暗传统的影响下逐步走向灭亡的天主教会不允许他在墓地里安息。1415年，康斯坦茨宗教会议宣判将他的尸骨挖出进行火化。1428年，在教皇马丁五世的命令下，弗莱明主教执行了这一判决。这一亵渎尸体的事件并不是孤立的宗教狂热现象，而是J.H.罗宾森教会的官方行为。

48. 蒙古人的征服

在13世纪，当教皇仍在欧洲为基督教会的统一而进行着徒劳的挣扎时，广阔的亚洲舞台正上演着更重要的事件。中国北部的一个民族突然崛起，完成了举世无双的征服。这个民族就是蒙古族。在13世纪初期，他们过着和匈奴祖先一样的游牧式的生活。他们以肉和马奶为主要食物，住在兽皮做的帐篷里。他们不受中央政府的控制，并与其他的土耳其部落结成军事联盟。他们的大本营位于蒙古的喀喇和林。

此时的中国正处于分裂之中。唐朝在10世纪时由盛转衰，经过了一段时期的战乱，这段时期有三个主要的帝国：北方的金国，都城在北京；南方的宋国，都城在杭州；西夏国居于西北部。1214年，蒙古联军领袖成吉思汗向金国宣战，并占领了北京（1214年）。然后他转而向西方进军，占领了土耳其斯坦西部、波斯、亚美尼亚、印度至拉合尔和远至基辅的俄罗斯。在他生前，他建立起了从太平洋到第聂伯河的庞大帝国。

他的儿子窝阔台汗继承了他的征服大业。蒙古军队训练有素，并且他们在小型野战炮上使用了中国的新发明——火药。窝阔台征服了金国，随后穿过亚洲，浩浩荡荡地向俄罗斯进军（1235年）。基辅在1240年沦陷，最终俄罗斯成为蒙古的附属国。波兰也遭受了攻击。1241年，一支由波兰人和日耳曼人组成的混合军队在下西里西省的利格尼茨之战中全军覆没。皇帝弗雷德里克二世丝毫未能阻挡蒙古大军前进的步伐。

伯里在吉本的著作《罗马帝国衰亡史》的笔记中写道，"公元1241年春天，蒙古军队击败波兰并占领了匈牙利。西方历史学界最近才认识到蒙古人是以完善的战略取胜，而非以压倒性的数量优势取胜的。但这一事实并没有得到广泛的认可。大部分人仍以为鞑靼人是以数量和武力取胜的有勇无谋的野蛮部落。

"从维斯瓦河下游到特兰西瓦尼亚，蒙古军队一路上有效地执行了严谨的战略。这是当时的任何欧洲军队都做不到的，也是欧洲指挥官们想不到的。当时欧洲还没有将军，除了弗雷德里克二世。他对战术并非一无所知。需要注意的是，蒙古人在进攻之前便对匈牙利和波兰的政治局势了如指掌——为了搜集情报，他们建立了组织严密的间谍网络；另一方面，匈牙利人和基督教国家却像幼稚的野蛮人似的，毫不了解敌人的情况。"

尽管蒙古人在利格尼茨之战中获胜，他们却没有继续向西进攻。他们正逐渐接近林地和丘陵地区，这些地形对他们不利。因此他们转而向南进入匈牙利，屠杀或同化了与他们同源的马扎尔人，一如过去屠杀和同化塞种人、阿瓦尔人和匈奴人那样。他们大可像9世纪的匈牙利人，7、8世纪的阿瓦人和5世纪的匈奴人那样，从匈牙利平原向西方和南方发起进攻。但窝阔台在1242年突然死亡，他的儿子们为了继承权而相互斗争。战无不胜的蒙古大军受此影响，穿过了匈牙利和罗马尼亚撤回东方。

此后，蒙古人开始主攻亚洲。到13世纪中期时，他们已经征服了宋朝。1251年，蒙哥继承了窝阔台的大汗之位，并让弟弟忽必烈统治中国。1280年，忽必烈建立了元朝并正式称帝。元朝的统治持续到了1368年。当宋朝的残余势力即将灭亡时，蒙哥的另一个弟弟旭烈兀正在进攻波斯和叙利亚。蒙古人重创了伊斯兰文明，在占领巴格达后，他们不仅屠杀了当地居民，还破坏了从苏美尔时代早期沿用至今的灌溉系统。正是这套灌溉系统使美索不达米亚平原一直保持着繁荣昌盛。自此，美索不达米亚成为人烟稀少、废墟遍布的荒漠。但蒙古人未能征服埃及。1260年，埃及的苏丹在巴勒斯坦彻底击败了旭烈兀的军队。

这场惨败之后，蒙古军队的气势逐渐减弱。可汗的广袤领土分裂成一些独立的小国。东部的蒙古人像汉人那样皈依了佛教，西部的蒙古人成为穆斯林。1368年，元朝的统治被推翻，汉人建立了明朝，明朝一直持续到1644年。俄罗斯一直是东南地区的鞑靼部落的附属国。直到1480年，莫斯科大公拒绝向鞑靼人效忠，为现代俄罗斯的成立奠定了基础。

14世纪时，在成吉思汗的后代瘸子帖木儿的领导下，蒙古族经历了一次短暂复兴。帖木儿在西土耳其斯坦建立了根据地，于1369年继了可汗之位，并征服了从叙利亚到德里的广袤领土。在所有蒙古征服者中，他是最野蛮残酷的一位。他建立的帝国在他死后逐渐瓦解。1505年，帖木儿后代巴贝尔召集了一支火枪部队，横扫印度平原。他的孙子阿克巴（1556–1605）完成了他的未竟事业，征服了印度的大部分领土。蒙古人在德里建立的统治一直持续到了

18世纪。

蒙古人在13世纪的征战产生了很多影响，其中之一是将土耳其斯坦的一支土耳其部落奥斯曼人赶到了小亚细亚。这支部落在小亚细亚巩固并扩张了自己的势力，他们穿过达达尼尔海峡，征服了马其顿、塞尔维亚和保加利亚，只剩下君士坦丁堡像一座岛屿般孤立于奥斯曼人的领土之内。1453年，奥斯曼苏丹穆罕默德二世率领大批火枪部队从欧洲发起进攻，占领了君士坦丁堡。这一事件在欧洲掀起了很大的风波，甚至又有了十字军东征传言，但十字军的时代早已结束。

在16世纪里，奥斯曼苏丹征服了巴格达、匈牙利、埃及和北非的大部分地区，并在舰队的帮助下成为地中海的主人。他们差一点就能占领维也纳，并向皇帝索要贡品。这段时期内只有两个事件抵消了基督教势力在15世纪的衰退：一个是莫斯科公国独立（1480年）；另一个是基督教逐渐重新取得了西班牙的控制权。1492年，半岛上的最后一个穆斯林城市格拉纳达宣布效忠于国王阿拉贡的费迪南和王后卡斯提尔的伊莎贝拉。

然而，直到1571年，勒班陀海战终于摧毁了奥斯曼人的骄傲，地中海沿岸重新归于基督教支配。

49. 欧洲学界的复兴

在整个12世纪中，很多迹象表明欧洲学界的勇气和闲暇时间都得到了恢复，并准备继续完成早期希腊哲学家们的科学探索和古罗马诗人卢克莱修的未竟事业。导致学界复兴的理由是复杂多样的。在十字军东征之后，私斗减少，生活安逸度提高，这些探险经历对人类思想的刺激无疑都是必要的初步条件。贸易正在复苏，城市逐渐恢复了舒适与安全，教会对信徒的教育水平得到了提高。13和14世纪是一些独立或半独立城市的成长期，例如威尼斯、佛罗伦萨、热那亚、里斯本、巴黎、布鲁日、伦敦、安特卫普、汉堡、纽伦堡、诺夫哥罗德、维斯比和卑尔根。它们都是人来人往的贸易城市。人们在交易的过程中和旅行途中自然会进行交谈和思考。教皇和王室之间的纷争与异教徒遭受的残忍迫害正激发着人们对教会权威的怀疑和对基本原则的质疑和讨论。

我们已经看到了阿拉伯人如何将亚里士多德哲学重新引入欧洲，以及弗雷德里克二世如何用阿拉伯哲学和科学为欧洲学界注入新生。然而对人类思想产生更深远的影响的仍然是犹太人。他们的存在本身便是对教会权威的质疑。炼金术士对贤者之石和长生不老的追求得到了广泛的传播，促使人们重新开始探索神秘的实验科学并取得丰富的成果。

这场思想的碰撞并不局限于受过良好教育的独立的人。普通人的思想得到了前所未有的觉醒。尽管存在着腐败的教士和宗教迫害，基督教的学说仍为所到之处带去了精神养料。它在个人的良心与正义之神之间建立了直接的联系，在有必要时，人们有勇气对王室、教士和宗教信条做出自己的判断。

欧洲早在11世纪时便兴起了哲学讨论。巴黎、牛津、博洛尼亚等中心城市的大学正在蓬勃发展。中世纪的学者们提出了一系列关于语言的价值和意义的问题，为即将到来的科学时代中的理性思考提供了前提条件。其中，有一位天才脱颖而出，他就是罗吉尔·培根（约1210—1293年）。他是牛津的方济会士，也是现代实验科学之父。他在历史上的重要性仅次于亚里士多德。

他在著作中强烈地谴责无知。他勇敢地指出了时代的无知。如今人们可以自由地抨击愚昧的言行和幼稚的教条主义，而不必担心自身的生命安全；然而中世纪的人们除了担心战乱、饥饿和瘟疫带来的死亡之外，仍对信仰保持着坚定不移的态度，并仇视一切对现存制度的反思。罗吉尔·培根的著作就像黑暗中的一盏明灯。他在抨击时代的无知的同时，提供了许多增进知识的建议。他继承了亚里士多德的精神，强调观察和实验的重要性。"实验，实验"，这便是罗吉尔·培根的使命。

然而罗吉尔·培根却厌恶亚里士多德。因为他看到人们终日坐在屋里研究当时仅有的蹩脚的拉丁语译文，而不是直面事实。他对此不以为然。"如果可以的话，"也不耐烦地写道，"我会烧掉亚里士多德的所有著作，因为研究这些书纯属浪费时间，它们导致错误并助长无知。"假如亚里士多德重返人间，看到人们对这些蹩脚的译文顶礼膜拜，却没有深入研究他的著作精髓，想必他也会产生和培根同样的情绪吧。

为了免受牢狱之灾，罗吉尔·培根不得不用正统学说伪装自己的著作，但他仍然在著作中大声疾呼："不要再受教条和权威的统治了，看看世界吧！"他谴责了无知的四个主要来源：对权威的尊重，传统习俗，大众的无知以及人性的虚荣、骄傲和固执。如果战胜了这些弱点，人类便能获得巨大的力量。

"即使没有人划桨，机器也能让巨大的轮船在江河湖海上航行，一个舵手驾驭的轮船会比一群人划桨的帆船速度更快。同样地，汽车不需要牲口拉车也能跑得快。人们可能制造出飞机，通过控制机械来使人造翅膀像鸟儿一样振动。"

罗杰·培根写下了这段话。然而直到3个世纪之后人类才开始系统性地探索他们清楚地意识到的存在于世俗的黯淡表象之下的隐藏力量。

撒拉逊人给基督教世界带来的刺激不仅体现在哲学家和炼金术士身上，他们还给基督教世界带来了纸。毫不夸张地说，欧洲学界的复苏离不开纸的应用。造纸术发源于中国，早在公元前2世纪，中国人便开始使用纸张。751年，中国人对撒马尔罕的阿拉伯人发起进攻，这场攻击以失败告终。在俘虏当中有一些技艺精湛的造纸工匠，阿拉伯人从他们那里学会了造纸术。9世纪以来的阿拉伯纸质手稿保存至今。造纸术可能经过希腊传入了基督教世界，也可能在教会夺回对西班牙的控制后从摩尔人的造纸工坊传入了基督教世界。可惜的是，皈依基督教后，西班牙出产的纸张质量下降。直到13世纪，意大利才率先生产出优质的纸张。德国在14世纪才开始造纸，到14世纪末时纸张的产量和价格才足以支持书籍印刷形成可行的商业模式。此后，作为一项最显著的发明，印刷的需求日益增加，人类的学术生活进入了一个更有活力的新阶段。学术交流不再是个体之间的涓涓细流，而是无数人参与的滔滔江水。

印刷术的发展带来的结果之一是《圣经》的大量流通，另一个结果是教科书的平价化。读书识字的人越来越多。不仅书籍的数量增多了，而且这些书变得更加通俗易懂。读者们可以一边阅读一边毫无障碍地思考，不必再苦苦钻研那些艰难晦涩的文字。书籍不再是有钱人的装饰，也不再是学者的秘密。人们开始创作普通人也能欣赏的书，并用通俗语言代替拉丁语进行写作。14世纪时，欧洲文学正式诞生。

我们只讲了撒拉逊人对欧洲复兴的作用，让我们再来看看蒙古征服对欧洲的影响。他们极大地刺激了欧洲的地理发现。在蒙古可汗的统治下，整个亚洲和西欧进行着自由的交流。所有道路都被暂时开放，喀喇和林宫殿聚集了各个国家的代表。基督教和伊斯兰教之间的宗教斗争所导致的欧洲与亚洲的隔阂被减弱了。教皇对蒙古人的皈依抱有很大的希望。迄今为止蒙古人只信仰过一种原始宗教——萨满教。教皇的使者，印度的佛教僧侣，巴黎、意大利和中国的工匠，拜占庭和亚美尼亚的商人，阿拉伯官员，波斯和印度的天文学家和数学家，形形色色的人聚集在蒙古宫廷上。我们听说了太多关于蒙古人的征战和屠杀的历史，对于他们的好奇心和求知欲却知之甚少。蒙古人虽然不是一个有创造力的民族，但作为知识和方法的传播者，他们对世界的影响十分深远。我们对于成吉思汗和忽必烈的性格的了解虽然不多，但足以证明他们至少和其他富有创造力的君主一样，能够理解知识的重要性，就像自负的亚历山大大帝与精力充沛的文盲神学家查理曼大帝。

在拜访蒙古宫廷的人里，威尼斯的马可·波罗是最有趣的一位，后来他把这段游记整理成了一本书。1272年他与父亲和叔叔一同前往中国。他的父亲和叔叔曾经拜访过忽必烈大汗，并给他留下了很深的印象。他们是他见过的第一批"拉丁人"。大汗请他们带回一些教师和学者，为他讲解基督教和令他好奇的欧洲事物。第二次拜访中国时他们和马可一同前来。

三人没有像上次远行那样从克里米亚出发，而是转道巴勒斯坦。他们带着大汗赐予的一块金牌和其他信物，使得他们的旅行更加畅通。大汗请他们带一些圣墓里的灯油，于是他们首先前往耶路撒冷，随后他们沿着西里西亚进入亚美尼亚。他们之所以向北绕远路是因为埃及的苏丹正在进攻蒙古的领地。因此他们经过美索不达米亚进入波斯湾附近的霍尔木兹，似乎想从这里开始海上航行。他们在霍尔木兹遇见了印度商人。不知为何，他们没有乘船，而是向北穿越了波斯沙漠。于是，他们经过大夏，越过帕米尔高原到达喀什噶尔，经过于田和罗布泊进入黄河谷，最终来到北京。他们在北京受到了大汗的热情款待。

年轻聪慧的马可熟练掌握了鞑靼语言，深受忽必烈的欣赏。他被赐予官职，并前往中国西南地区执行了一些任务。后来他描述了这片美丽富饶的广袤土地，"到处都是舒适的客栈""美丽的葡萄园、田野和花园""很多佛教僧侣的寺庙""丝绸、黄金和塔夫绸的制造""城市和村落绵延不绝"。这些描述一开始令欧洲人难以置信，随后激发了全欧洲的遐想。他讲述了缅甸拥有的由几百头大象组成的军队，这支军队如何被蒙古弓箭手击败。蒙古人如何征服了缅甸的勃固。他夸张地讲述了日本拥有丰富的黄金。马可在扬州担任了三年的官职，对当地的居民而言也许他并不比鞑靼人更像异邦人。他可能还被派往印度。中国的历史记录里提到过1277年有一个名叫波罗的人与朝廷关系密切。这是对马可·波罗的故事的真实性的宝贵证明。

马可·波罗游记的出版对欧洲产生了深远的影响。欧洲文学，尤其是15世纪的浪漫主义文学中充满了马可·波罗游记中提到过的地名，如华北和北京等地。

两个世纪后，在《马可·波罗游记》的读者当中，有一名热那亚的水手克里斯托弗·哥伦布，他想到了一个绝妙的主意——向西航行，绕世界一圈，最终抵达中国。人们在塞维利亚发现了一本哥伦布做过旁注的《马可·波罗游记》。导致这个热那亚人产生环游世界的想法的原因有很多。君士坦丁堡在1453年被土耳其人占领之前一直是联接东西方的贸易中心。哥伦布曾在那里自由地从事着贸易。然而热那亚人的敌人——威尼斯的"拉丁人"曾帮助土耳其人对抗希腊人。伴随着土耳其人的到来，君士坦丁堡对热那亚的贸易显得不友好了。"地球是圆的"这一发现在被遗忘了很长时间之后逐渐重新得到了认可。前往中国成为显而易见的选择。这趟航行受到了两件事情的鼓励：船用罗盘的发明使得人们不必依赖晴朗的夜晚和星星的位置来判断航行的方向，并且，诺曼人、加泰隆人、热那亚人和葡萄牙人已经到达过大西洋上的加那利群岛、马德拉群岛和亚速尔群岛。

然而，哥伦布在获得船只以检验自己的想法之前已经遭遇了很多困难。他拜访了很多欧洲皇室，最终在刚从摩尔人手中夺下的格拉纳达获得了费迪南和伊莎贝拉的赞助，得以驾驶三只小船横渡未知的海洋。在经历了两个月零九天的航行之后，他终于抵达了陆地。他相信这里就是印度，但这是一片人们前所未知的新大陆。他带着黄金、棉花和奇珍异兽回到了西班牙，还带回了两名身上涂着油彩的印第安人，并为他们举行了洗礼仪式。他们之所以被称为印第安人，是因为直到生命的最后时刻，哥伦布仍然相信他发现的大陆就是印度。过了几年，人们才逐渐意识到美洲是一片新大陆。

哥伦布的成功极大地刺激了航海事业的发展。1497年，葡萄牙人从海上绕过非洲抵达印度，15 5年葡萄牙船队抵达了爪哇岛。1519年，受西班牙王室雇佣的葡萄牙水手麦哲伦率领五艘船从塞维利亚出发，向西航行。其中一艘船"维多利亚号"于1522年返回塞维利亚，这是第一艘环游世界的船只。最初的280名船员最终只有31名生还。麦哲伦本人死在了菲律宾群岛。

纸质书籍的印刷，"世界是圆的"的观念，新大陆的发现，奇珍异兽，新奇的习俗和传统，天文学和科学的发展，这些新奇的发现冲击着欧洲人的思想。人们遗忘许久的希腊经典被迅速地印刷传播，并被广泛研究，人们了解到了柏拉图的理想和古希腊自由高贵的共和制传统。罗马人率先将法律和秩序引入了西欧，拉丁教会对此进行了重建。然而异教和罗马天主教都抑制了好奇心和创造力的发展。拉丁文化对人们思想的统治终于结束了。在13到16世纪，在闪米特人、蒙古人和重见天日的希腊经典的影响下，欧洲的雅利安人挣脱了拉丁传统束缚，重新成为人类物质世界和精神世界的领袖。

50. 拉丁教会的改革

这场思想的重生对拉丁教会产生了巨大的影响。教会产生了分裂，幸存的部分也普遍获得了新生。

我们已经讲过了教会如何在11和12世纪几乎成为基督教世界的领袖，又是如何在14和15世纪逐渐衰弱。我们描述了人民对宗教的狂热在早期曾是教会的支撑力量，后来却因教会的自负、迫害和集权而走向了教会的对立面，以及弗雷德里克二世的多疑如何引起了王室的反抗。宗教大分裂使得教会在宗教和政治上的威望大打折扣。如今，教会受到了叛乱势力的两面夹击。

英国人威克里夫的学说在欧洲得到了广泛的传播。1398年，一位博学的捷克人约翰·胡斯在布拉格大学举行了关于威克里夫学说的一系列讲演。这一学说迅速从学术界蔓延到普通大众之间。1414—1418年，全体教会在康士坦茨湖召开议会来解决宗教大分裂的问题。胡斯受邀参加议会，他得到了皇帝的安全通行许可，却仍被捉住，最终被异端审判团判处火刑（1415年）。这一事件引起了波西米亚人的极大愤慨。胡斯派爆发了起义。这是一系列宗教战争的开始，最终导致了拉丁教会的瓦解。康士坦茨议会选举出的教皇马丁五世发动了十字军战争。

十字军曾向波西米亚人发起过五次进攻，全都以失败告终。15世纪时，全欧洲的无业游民都加入了征讨波西米亚人的队伍，正如13世纪时韦尔多教派的遭遇一样。然而波西米亚人和韦尔多教派不同，他们进行了武装反抗。当听到胡斯派的马车声和军队的呐喊声从远处传来时，十字军便不战而溃（1431年，多马日利采之战）。1436年，新的议会和胡斯派在巴塞尔签订协议，胡斯派做出了很多让步。

在15世纪，一场大瘟疫严重破坏了欧洲的社会秩序。平民遭受了极大的痛苦，英国和法国的农民揭竿而起，反对地主和富人的压迫。在胡斯战争后，德国的农民起义数量暴增，并带有了宗教色彩。这种形势带动了印刷业的发展。在15世纪中期，荷兰和莱茵兰便有工人从事活字印刷。这项技术传播到了意大利和英格兰，1477年，卡克斯顿便是在威斯敏斯特进行印刷的。印刷业的发展加速了《圣经》的传播，也加速了大众争议的广泛传播。欧洲变成了读者的世界，这在世界范围是前所未有的。这场思想的洗礼带来了更清楚的观念和更易获取的信息，它发生在教会因为分裂而无法进行有效的自我保护的时期，很多王室成员正在寻找机会削弱教会对财富的控制。

在德国，对教会的抨击围绕着曾经当过修士的马丁·路德（1483—1546年）而展开。1517年，他在威腾伯格提出了针对正统的教条和宗教实践的异议。一开始，他按照学术界的传统用拉丁语进行辩论。后来，他用德语记录下了自己的观点，以书籍的形式传达给了普通民众。教会企图像对付胡斯那样打压马丁·路德，然而新闻印刷的出现改变了这一局势，并且在德国王室之中，很多人公开或私下支持马丁·路德，这使他免遭不幸。

在这样一个思想逐渐多元化、信仰遭到质疑的时代，很多世俗者发现这是切断人民与罗马教会之间的宗教纽带的好机会。他们自身想成为全国性的宗教领袖。英国、苏格兰、瑞典、挪威、丹麦、德国北部和波西米亚，这些国家相继脱离了罗马教会，并从此保持着宗教独立。

相关的王室成员对臣民的道德和学术自由几乎毫不关心。他们利用人民对宗教的怀疑和反抗来增强自身对抗罗马的实力，然而一旦实现了人民与罗马教会的分裂，他们便控制了这场人民运动，并建立了由王室掌控的全国性的教会。但在耶稣的教义里一直存在着强烈的好奇心、对正义的直接追求以及超越了一切等级关系和宗教权威的自尊。在这些王室教会建立的同时，一些反对王室和教皇干涉信仰的教派也悄然兴起。例如，在英国和苏格兰，一些教派坚定地把《圣经》视为生活和信仰的唯一指引。他们拒绝接受国家教会的约束。在英国，这些异议者被称为"非国教徒"。他们在17世纪和18世纪的英国政治中起着十分重要的作用。英国的非国教徒们甚至向教会的王室领袖提出剥夺国王查理一世的统治权（1649年）。英国在非国教徒的治理下实行共和制，维持了11年的繁荣。

这场欧洲北部的大部分地区与拉丁教会的决裂便是我们通常所说的宗教改革。这场改革引发的震惊和压力令罗马教会做出了同样巨大的改变。教会进行了重组，并由此焕发出新的活力。其中一位最主要的人物是一名年轻的西班牙士兵——伊尼戈·洛佩兹·德·雷卡德，也就是人们熟悉的圣罗耀拉。他在经历了几段风流韵事之后成为牧师（1538年），并建立了耶稣会。他试图把军队中的慷慨无私和骑士精神的传统引入宗教信仰之中。耶稣会成为世界上最大的传教组织之一。耶稣会把基督教传入了印度、中国和美洲，抑制了罗马教会的迅速衰落，提升了整个天主教世界的教育标准，提高了各地天主教的文化与道德水平，推动了欧洲各国的新教徒对教育事业的大力发展。如今我们熟悉的生机勃勃的罗马天主教会在很大程度上是耶稣会复兴的产物。

51. 查理五世

　　神圣罗马帝国在查理五世的统治下达到了鼎盛。查理五世是欧洲有史以来最伟大的君主之一。他一度是自查理曼大帝以来最伟大的帝王。

　　他的伟大不是他自己的功劳，在很大程度上要归功于他的祖父，马克西米利安一世（1459—1519年）。有的家族通过武力夺权，有的使用计谋夺权，哈布斯堡家族则利用联姻获得权力。马克西米利安一开始统治着奥地利、斯蒂丽亚、阿尔萨斯的一部分和其他哈布斯堡家族的属地。通过联姻——我们无须知道他的妻子的名字——他获得了荷兰和勃艮第。在他的第一任妻子去世之后，他失去了勃艮第的大部分地区，但仍拥有荷兰的统治权。然后他试图通过联姻获得布列塔尼，却没有成功。1493年，他继承了父亲弗雷德里克三世的王位，并通过联姻获得了米兰公国。最终他安排自己的儿子迎娶了曾经资助过哥伦布的费迪南和伊莎贝拉的女儿，费迪南和伊莎贝拉不仅统治着刚得到统一的西班牙、撒丁岛和西西里岛国，还统治着巴西以西的整个美洲。因此，他的孙子查理五世继承了美洲的大部分地区和1/3到1/2的没有被土耳其人控制的欧洲地区。1506年，他继承了荷兰。1516年，在他的外祖父费迪南去世之后，查理五世成为西班牙的实际统治者。1519年他的祖父马克西米利安去世了，由于他的母亲昏昏碌碌，1520年，年仅20岁的查理五世成为皇帝。

他是个金发的年轻人，长着厚厚的上唇和长长的下巴，看起来有些迟钝。在他那个年代有很多年轻有为的君主。21岁的弗朗西斯一世于1515年继承了法国王位，18岁的亨利八世于1509年继承了英国王位。印度正处于巴伯尔的时代（1526—1530年），苏莱曼大帝统治着土耳其（1520年），他们都拥有雄韬伟略。教皇利奥十世（1513年）也是一位杰出的人物。由于担心权力的过度集中，教皇和弗朗西斯一世试图阻止查理登基。弗朗西斯一世和亨利八世都自荐为皇帝候选人，然而哈普斯堡家族从1273年起便占据了王位，再加上积极主动的贿赂，查理最终被选为皇帝。

一开始，这个年轻人只是大臣们的傀儡。后来他逐渐把权力掌握在了自己的手中。他开始意识到自己高贵的地位所暗藏的危机。皇帝的宝座虽然无比尊贵，却充满了不稳定性。

从登基时起，查理五世便面临着马丁·路德在德国掀起的宗教改革造成的局面。为了赢得王位选举，查理五世本应与改革派联手对抗教皇，然而他在西班牙长大，这里拥有最浓厚的天主教传统，最终他决定对抗路德。于是他与支持新教的王族们产生了冲突，尤其是萨克森的王位选举人。他发现自己正站在一条裂缝上，残破不堪的天主教即将被分裂为两个相互对抗的阵营。他努力尝试弥补这条裂缝，却徒劳无益。德国爆发了大规模的农民起义，并与当时的政治和宗教动乱相互交织，再加上来自东部和西部的外敌入侵，这场内乱进一步恶化。西方有查理的劲敌弗朗西斯一世，东方有不断逼近的土耳其人，如今他们已经占领了匈牙利，并和弗朗西斯结为同盟，并为了拖欠的进贡而与奥地利争执不休。查理五世拥有西班牙的财富和军队，然而要从德国获得有效的资金援助是十分艰难的。财政问题加剧了他在外交与政治上的困难。他不得不向他国借款。

整体看来，查理五世和亨利八世的联盟战胜了弗朗西斯一世和土耳其人。他们的主要战场在意大利北部。双方的将领都很无能，他们主要依赖援军抵达的情况来下达前进和后退的命令。德国军队进攻法国，却未能占领马赛，只能退回意大利，米兰被法国占领，德国军队在帕维亚被法国军队包围。弗朗西斯一世在漫长的攻城战中战败，受伤的弗朗西斯一世被德国军队俘虏。教皇和亨利八世仍然忌惮查理不断扩张的权力，于是联手对抗查理。米兰的德国军队得不到报酬，被迫听从指挥官的命令进攻罗马。他们洗劫了这座城市（1527年）。在罗马惨遭掳掠时，教皇躲在圣安吉洛城堡避难。最终他用40万达克特硬币收买了德国军队。这场持续了10年的战乱令欧洲人民饱受贫困。皇帝最终在意大利取得了胜利。1530年，他在博洛尼亚被教皇加冕——他也是最后一位被加冕的德国皇帝。

与此同时，土耳其人在匈牙利所向披靡。他们于1526年击败并杀死了匈牙利国王，占领了布达佩斯。1529年，苏莱曼大帝几乎占领了维也纳。皇帝为此感到不安，他竭尽全力驱逐土耳其人，却发现即使在外敌当前的情况下，德国王室也很难达成统一。皇帝与弗朗西斯一世仍然势不两立，新的法国战争打响了。1538年，在摧毁了法国南部之后，查理五世与他的宿敌握手言和。弗朗西斯和查理联手对抗土耳其人，然而信仰新教的王室成员们决心脱离罗马教会，他们成立了施马尔卡尔登同盟，与皇帝进行对抗，企图在匈牙利恢复基督教，查理不得不将注意力转向愈演愈烈的德国内部斗争。他只看到了战争的初始。这是一场王室内部的血腥斗争，王室成员们为了争夺权力而丧失了理智，如今这场争斗演变成了战争与毁灭，而后又重新转化为钩心斗角。这场阴险的王室斗争将一直延续到19世纪，一次又一次地破坏中欧的和平与发展。

皇帝从未领悟这些不断积累的内乱背后的真正原因。在他的时代里，查理五世是一位杰出的君主，他把分裂欧洲的宗教战争看作是由神学理论的差异引起的，甚至徒劳地召开议会试图令各派和解。他尝试了各种手段。学习德国历史的学生不得不面对诸如纽伦堡宗教合约、雷根斯堡议会协议、奥格斯堡临时赦令等烦琐的细节。实际上，欧洲的众多王公贵族们各怀鬼胎。世界大范围内的宗教纷争，平民对真相和社会公道的渴望，知识的广泛传播，这些因素在王公贵族的眼中都只是外交筹码而已。英王亨利八世的政治生涯开始于对宗教异端的反对，并被教皇授予"卫道士"的称号。他迫切希望与妻子离婚，迎娶一位名叫安娜·波莲的年轻女子，并且想把英国教会的庞大财富据为己有，于是在1530年，他加入了信仰新教的王室派系，丹麦和挪威也加入了新教阵营。

德国宗教战争起始于1546年，马丁·路德逝世后不久。我们不需要了解战斗的细节。撒克逊新教徒的军队在洛豪惨败。然而皇帝的头号敌人——海塞的菲利普被俘房，土耳其人被皇帝许诺的每年的进贡收买。1547年，弗朗西斯一世去世，这令皇帝轻松了许多。到1547年时，查理五世达成了和平协议，并为争取和平做出了最后的努力。1552年，德国重新被卷入了战火，查理五世匆忙逃离因斯布鲁克，勉强逃脱了被俘房的命运。1552年，随着《帕绍协议》的签署，政治平衡再次被打破了。

这便是32年来的帝国政治概要。有趣的是，欧洲人的注意力完全集中于欧洲内部的权力斗争中。土耳其人、法国人、英国人和德国人都没有发现美洲或新发现的亚洲海上通道的政治重要性。美洲正在发生翻天覆地的变化：西班牙的科尔特兹率领少量部下攻占了尚处于新石器文明的墨西哥帝国，皮萨罗横渡了巴拿马地峡（1530年），并征服了另一座奇境——秘鲁。然而这些事件对欧洲的影响还比不上流进西班牙国库的银币更令人激动。

《帕绍协议》签订后，查理五世开始显示出独特的想法。如今，庞大的帝国已经使他感到无聊和厌倦。欧洲王室之间的权力斗争在他看来是毫无意义的。他的身体并不厌倦，他总是感到疲惫，并患有严重的通风。于是他把在德国的统治权让给了他的弟弟费迪南一世，并把西班牙和荷兰的统治权让给了儿子菲利普，并一怒之下去了塔霍河谷北部的一座被橡树林和栗数林包围着的修道院里隐居。1558年，他在那里逝世。

很多作品描述了这场冲动的退位行为，一个疲惫的伟人厌倦了世俗生活，通过苦修向上帝寻求心灵的宁静。然而退位的查理五世既不孤独也不困苦，他带了接近150名仆人，他的住所虽没有宫殿的喧嚣，却也富丽堂皇，并且菲利普二世是一个孝顺的儿子，对父亲的命令言听计从。

虽然查理对统治欧洲失去了兴趣，但还有其他更迫切的事情在干扰着他。普莱斯考特说："在每天往返于加斯特卢和巴利亚多利德的信件里，几乎每一封都提到了皇帝的饮食和病情。这两个话题自然地被放在一起讨论。在国务大臣的信件中这样的话题是很少见的。当国务大臣浏览这些混杂着政治问题与饮食话题的信件时，一定感到头晕目眩。从巴利亚多利德到里斯本的信使受命绕路前往哈兰蒂利亚，为皇帝带回食物和补给。在星期四他要带回在斋日吃的鱼。查理认为附近的鳟鱼个头太小，于是派人去巴利亚多利德带些大鱼回来。所有种类的鱼都是他爱吃的，还有一切和鱼类接近的食物。鳗鱼、青蛙和牡蛎都是皇室菜单上的常客。他很喜欢吃罐装的鱼，尤其是凤尾鱼。他很后悔没有从低地国家多带一些鱼回来。他尤其爱吃一种鳗鱼馅饼。"

1554年，教皇尤里乌斯三世赐给查理一头公牛，免除了他的斋戒，允许他在领圣餐之前吃早餐。

吃饭和就医，这是基本的需求。他没能养成读书的习惯，但据说他能给出"精妙绝伦的评价"。他还喜欢听音乐和听牧师布道，还能从处理政务中获得乐趣。皇后的死令他悲痛不已，只能从宗教中寻求安慰。他一丝不苟地奉行宗教仪式，每个周五的大斋节他和其他修道士一起鞭打自己，直到流血。这种苦修和痛风的折磨释放了查理内心被政治束缚的偏执。新教在巴利亚多利德的传播令他怒不可遏。"向宗教法庭和大法官传达我的旨意，务必尽忠职守，在邪恶扩散得更远之前便彻底铲除它。"他怀疑对于如此恶劣的事件，是否应当毫不留情，免除正常的司法审判程序，"为了避免犯人获释后再次犯下同样的罪行"。他建议把自己在荷兰的做法当作范例，"所有不认罪的顽固分子都被活活烧死了，忏悔的罪人被砍头"。

查理五世对葬礼的痴迷令他在历史上留下了象征性的作用。他似乎凭直觉感受到了欧洲的荣光已逝，却迟迟未能得以埋葬。他不仅参加了约斯特的每一场葬礼，还为已逝的死者补办葬礼。每年在妻子的忌日他都要举行一场葬礼仪式，最后，他为自己举办了葬礼。

"小教堂里一片黑暗，几百只蜡烛的光芒也无法驱散这片黑暗。兄弟们穿着修道袍，皇帝的家人身披孝服，聚集在小教堂中央的一个覆盖着黑布的巨大的灵柩周围。教堂随即举行了埋葬死者的仪式，在修道士们的嚎哭声中，人们祈祷着亡灵得以升入天堂。悲伤的仆从们痛哭流涕，他们的脑海中浮现出主人死亡的场景——或许他们受到了这番可怜景象的触动而心怀同情。查理五世身披黑色斗篷，手持一盏蜡烛，和家人坐在一起见证自己的葬礼。在这场葬礼的最后，查理五世把烛芯交在了神父手中，象征着他的灵魂已归于上帝。"

在这场仪式之后不到两个月，查理五世便去世了。神圣罗马帝国的短暂的荣耀也伴随着他的死亡而消失。他的国土已经被分给了他的弟弟和儿子。奄奄一息的神圣罗马帝国勉强存续到了拿破仑一世的时代。它的一些传统流传下来，毒害着当今的政治环境。

52. 政治实验的时代：欧洲的君主制、议会制和共和制

　　拉丁教会面临着分裂，神圣罗马帝国已经衰败，欧洲各国从16世纪初便开始在黑暗中探索能够更好地适应新局势的统治形式。漫长的古代历史经历了无数次王朝更迭，甚至连统治者的种族和语言都在不断变化，但君主和宗教的统治形式却保持着稳定，更加稳定的是平民的生活方式。现代欧洲从16世纪以来便不再关注王朝更迭，历史的关注点落在了越来越广泛的政治和社会结构的实验上。

　　我们已经讲过，从16世纪时起，世界的政治史在无意识地适应新的政治和社会局势。由于局势的变化在稳定地加快，这种尝试变得愈发困难。对新局势的适应主要是在无意识中进行的，并且几乎总是在不情愿中发生的（人类总的来说讨厌做出改变），因此越来越落后于局势的变化。从16世纪时起，人类越来越难以适应逐渐恶化的政治与社会环境。面对着前所未见的新的可能性，人们逐渐不情愿地认识到了重建社会秩序的必要性。

这些发生在人们生活环境中的变化打破了帝国、教士、农民和商人的平衡，也破坏了长达一万年里通过蛮族入侵而实现的周期性的更新换代的旧世界的节奏。这些变化究竟是什么呢？

它们是多种多样的，因为人类的事务往往十分复杂，但主要的变化似乎总是指向一个原因，那就是对事物本质的认识的成长与延伸。这种认识首先产生于少数智者之间，然后逐渐蔓延开来，一开始速度很慢，在过去的五百年里迅速扩散到越来越多的人群里。

人类生活方式的改变也带来了人类自身的改变。这种变化与知识的增加和扩散相辅相成，并微妙地与之相联系。越来越多的人们不满足于只追求基本欲望的生活，并开始追求更高尚的人生目标。这是佛教、基督教和伊斯兰教等在过去两千年里得到广泛传播的所有伟大宗教的共同特点。这些宗教与古代宗教不同，它们必须关注人类的精神世界。它们的力量在本质和效果上与迷信血祭的祭司和神庙式的传统宗教十分不同，这些传统宗教部分得到了改良，部分被新的宗教所取代。它们逐渐帮助人们建立了自尊，以及参与人类共同面临的问题的责任感，这在早期文明中是不存在的。

政治生活与社会生活领域的首要的显著变化是文字书写的简化及其在古代文明中的普及，这使得帝国的扩张与更广泛的政治理解成为可能和必然趋势。其次则是马匹、骆驼和马车在交通运输中的应用，道路的扩建，以及铁矿石的发现所带来的军事效率的提高。接下来，货币这一既方便又危险的发明造成了巨大的经济波动，改变了负债、所有权和贸易的本质。帝国的规模不断扩大，人们的思想也随之变得更为开阔。地方的信仰逐渐消失，世界范围的宗教兴起，神权治国的时代来临了。客观的历史记录和地理发现使得人类第一次意识到了自己的无知，并第一次系统地探寻知识。

始于希腊和亚历山大城的伟大的科学进程一度被中断。条顿人的侵略、蒙古族的西迁、宗教剧变和大瘟疫给政治秩序和社会秩序带来了极大的压力。当这段冲突与混乱的时期告一段落，文明再度兴起时，奴隶制已不再是经济生活的基础，早期的造纸工坊正在为信息的聚集与交流合作提供一种新的媒介。这时候，对知识的探寻和系统性的科学进程正在逐渐恢复。

从16世纪时起，作为系统性思维的必然产物，一系列的影响人与人之间的交流与合作的发明和装置相继出现。这些发明和装置都倾向于拥有更广阔的行动范围，更大的作用或危害。这些促进合作的发明与装置层出不穷，令人目不暇接。在20世纪初的大灾难加速了人类的思想进程之前，人们并未针对这股发明浪潮制定出明智的应对方案。在过去的四个世纪里，人类历史就像在监狱里睡觉的人，当禁锢和庇佑他的监狱着火时，他没能清醒地面对危险和机遇，而是在睡梦中辗转反侧，把火焰的爆裂声和温暖与混沌的梦境融为一体。

由于历史讲述的不是个人生活，而是群体生活，因此历史上最重要的发明自然是能够影响通信的发明。在16世纪，值得注意的主要发明是纸质印刷和罗盘在航海中的应用。前者降低了教育成本，让信息得以广泛传播，促进了交流和讨论，改革了政治活动的基本运作。后者让世界连为一体。然而几乎与它们同等重要的是早在13世纪由蒙古人引入西方的枪支和火药的应用和改良。躲在城堡和高墙之内的贵族们不再高枕无忧了。枪支和火药扫除了封建制度。君士坦丁堡在枪支的火力下沦陷了。墨西哥和秘鲁都败给了西班牙的火枪。

17世纪见证了系统性的科学出版的发展，这项创新虽然不像其他发明一样醒目，却结出了最丰富的果实。迈出前进的一步的领袖们当中，最显著的是弗朗西斯·培根爵士（1561—1626年），后来他成为维鲁兰勋爵和英格兰大法官。他是另一位英国人——科尔切斯特的实验哲学家吉尔伯特博士（1540—1603年）的学生，也许还是他的代言人。弗朗西斯·培根和罗吉尔·培根一样宣扬观察与实验，他创作了一个振奋人心的乌托邦故事《新亚特兰蒂斯》来描述他梦想中的科学研究。

这时，伦敦出现了皇家学会——佛罗伦萨学会，后来，还产生了其他鼓励学术研究、发表和交流的全国性组织。这些欧洲学会不仅成为无数发明诞生的源泉，还对支配和束缚人类思想上千年的宗教进行了激烈的批评。

在17世纪和18世纪中都没有出现像纸质印刷和远洋船这般具有革命性的发明，然而在此期间稳步积累的知识和科学能量将在19世纪彻底开花结果。人们继续探索世界并绘制世界地图。塔斯马尼亚岛、澳大利亚、新西兰出现在了地图上。18世纪，英国开始在冶金领域使用煤焦代替木炭，从而大幅降低了铁的价格，使得铁的大规模应用成为可能，标志着现代制造业的黎明。

科学像天堂里的大树一样同时发芽、开花和结果，并且生生不息。进入19世纪后，科学之树正式开始结出果实，从此再也没有停止。首先出现的是蒸汽和钢铁，铁路，大型轮船，高楼大桥，拥有无限动力的机械，人类的所有物质需求都有可能得到满足，更加美妙、神秘的电学也揭开了神秘的面纱。

我们曾把16世纪人类的政治生活和社会生活比作在着火的监狱中沉睡的囚徒的生活。16世纪，欧洲人仍然做着拉丁帝国的美梦，幻想着统一在天主教会之下的神圣罗马帝国。然而就像身体的某些不可控因素会为我们的梦境带来最荒唐可怕的场景，我们在这场梦境里看到了饥肠辘辘的查理五世的睡脸，与此同时，亨利八世和马丁·路德打破了天主教的统一。

到了17世纪和18世纪，这场梦变成了君主制——在这段时期，几乎整个欧洲都在巩固君主制度，并让这种绝对力量延伸到周边地区——以及人民的不断反抗，首先是地主阶级的反抗，然后，随着国际贸易和国内工业的发展，富人阶级也开始反抗王权的压榨和干涉。双方都没有获得绝对的胜利，有时国王占据上风，有时富人阶级打败了国王。有一位国王成为国家的权力中心，然而在他的王国边境一些商人阶级维持着共和制。如此大范围的变化显示了这段时期的所有政府形式的实验性和地方性。

在这些国家闹剧中，一个典型的人物便是国王的大臣。在天主教国家中大臣通常担任着高级神职，他站在国王身后，辅佐并控制着国王。

由于种种限制，我们不可能知晓这些国家闹剧的细节。荷兰的商人阶级成为新教徒，并拥护共和制，他们推翻了查理五世的儿子——西班牙的菲利普二世的统治。在英国，亨利八世和他的大臣沃尔西，伊丽莎白女王和她的大臣伯利准备了奠定了君主专制的基础，然而却被詹姆斯一世和查理一世的愚蠢所破坏。查理一世因叛国罪被人民斩首（1649年），这是欧洲历史上的一个政治转折点。在接下来的十多年里（直到1660年），英国保持着共和制，王权很不稳定，并且笼罩于国会的阴影之下，直到查理三世（1760—1820年）竭尽全力使得王权得到了一定程度的恢复。另一方面，法国国王对君主专制的巩固是所有欧洲国王中最成功的。两位杰出的大臣——黎塞留（1585—1642年）和马萨林（1602—1661年）在法国树立了王室的权威，英明的"大君王"路易十四（1643—1715年）的漫长统治进一步促进了王权的巩固。

路易十四是一位典型的欧洲国王。虽然他拥有一些缺点，但他有着杰出的能力，他的野心比欲望更强烈，他的激进的外交政策和令人羡慕的奢华作风最终导致了国家的破产。他的直接目标是巩固统治，并将法国的领土扩张到莱茵河和比利牛斯山，吞并西班牙控制下的荷兰；他的长远目标则是继承查理曼大帝的遗志，重建神圣罗马帝国。比起战争，他把贿赂变成了比战争更重要的政治手段。英国的查理二世和大部分波兰贵族都被他收买了。他的钱，或者说法国人民的税款无处不在。但他最为人所知的是他那奢华的作风。凡尔赛宫拥有举世惊叹的沙龙、回廊、镜厅、露台、喷泉、公园和景色。

路易十四的作风引起了全世界的贵族的效仿。欧洲的每一个国王和亲王都在通过剥削臣民和借款来建造自己的凡尔赛宫。各地的贵族都在模仿新的样式重建或扩建自己的城堡。纺织业和装饰业得到了极大的发展。奢华的艺术品风靡各地，雪白的石膏雕像，精巧的彩陶，镀金的木雕，精致的金属饰品，有纹理的皮革，动人的音乐，绚丽的油画，富丽堂皇的建筑，多样的陶器，醇香的葡萄酒。在镜厅和华丽的家具之间，一群奇妙的"绅士们"穿行而过，他们头戴扑过粉的高顶假发、身穿丝绸和蕾丝制的衣物，脚踏红色高跟鞋，拿着精美的手杖；更奇妙的是"淑女们"，她们梳着扑了粉的高高的发型，穿着带有巨大裙撑的丝绸和丝缎裙。路易十四站在众人之间，就像太阳一般耀眼，丝毫没有察觉到在他的光芒照射不到的角落里，一张张消瘦的脸庞正阴沉地看着他。

在这段君主专制和政体实验的时期中德国人一直处于政治上的

分裂之中，很多王公贵族在不同程度上复制了凡尔赛宫的奢华。德国人、瑞典人和波西米亚人之间的政治斗争引发的三十年战争（1618—1648年）是一场毁灭性的动乱，这场战争使德国元气大伤，经过了一个世纪才逐渐恢复。《威斯特伐利亚和约》里的欧洲地图显示了这场战乱结束时的分裂局势。我们看到了相互交错的公国、领地、自由国等，其中一些一半位于帝国境内，一半位于境外。读者们会注意到瑞典的领土一部分延伸到了德国境内，除了帝国境内的几座小岛，法国距离莱茵河仍然十分遥远。在一片混乱中，成立于1701年的普鲁士王国逐渐脱颖而出，并赢得了一系列的战争。普鲁士的弗雷德里克大帝（1740—1786年在位）在波茨坦建立了豪华的宫殿，他说法语，阅读法国文学作品，在文化领域与法国国王不相上下。

1714年，汉诺威选侯成为英国国王，使得英国也成为一半位于帝国境内的君主国。

查理五世在奥地利的后代保留了皇帝的称号，在西班牙的后代则保留了西班牙的统治权。然而这时在东方也有一个皇帝。君士坦丁堡沦陷后（1453年），莫斯科的大公继承了拜占庭王位，戴上了拜占庭的双头鹰臂章，史称伊凡大帝（1462—1505年在位）。他的孙子伊凡四世，又称伊凡雷帝（1547—1584年在位）继承了恺撒（沙皇）的称号。然而直到17世纪下半叶，俄罗斯在欧洲人心目中一直是个遥远的亚洲国家。沙皇彼得大帝（1682—1725年）带领俄罗斯登上了欧洲的政治舞台。他把涅瓦河畔的彼得堡立为新的首都，这里成为联结俄罗斯和欧洲的窗口，他在18英里外的彼得霍夫打造了一座宫殿，一名法国建筑师为他设计了阳台、喷泉、小瀑布、画廊、公园和一切彰显帝国繁荣的景象。俄罗斯宫廷和普鲁士一样通用法语。

波兰夹在奥地利、普鲁士和俄罗斯之间，波兰的地主阶级实力过于强大，他们选出的君主名存实亡。尽管法国作为同盟努力保持波兰的独立性，最终波兰还是被周边的三个国家瓜分了。这时候的瑞士是由一系列共和制的行政区组成的；威尼斯是一个共和国；意大利和德国很像，公爵王侯形成了割据势力。教皇在他的辖境内就像一个君王，由于害怕失去仅存的一些天主教王侯的支持，教皇不敢干涉这些国家的内政，也不敢再提起建立大一统的基督教公国的理想。欧洲不再有统一的政治理想，欧洲已经彻底被分裂并变得多元化。

这些君主国和共和国之间存在着对抗。每个国家都建立了针对邻国的主动或被动的激进"外交政策"。我们欧洲人至今仍然生活在主权国家多样性的时代的最后阶段，仍然忍受着这一时期所产生的仇恨、敌对和怀疑。这段时期的历史在现代人眼中正变得越来越像"小道消息"，越来越没有意义和令人疲惫。这场战争是由国王的情妇引起的，那场战争则是由大臣之间的嫉妒引起的。这些权术斗争引起了聪明的历史学者的反感。值得欣慰的是，尽管存在政治上的阻力，更多人开始参与阅读和思想，新的发明层出不穷。18世纪的文学作品对当时的宫廷和政治进行了严厉的批判。从伏尔泰的《老实人》中我们看到人民对欧洲的政治混乱感到无尽的疲惫。

53. 欧洲人在亚洲和海外建立的新帝国

当中欧仍处于分裂和战乱中时，西欧，尤其是荷兰、斯堪的纳维亚半岛、西班牙、葡萄牙、法国和英国正在忙于向海外扩张。新闻出版业的发展促进着欧洲政治思想的迅速发酵，而远洋轮船的发明使欧洲的势力范围扩张到了大洋彼岸。

荷兰人和大西洋沿岸的北欧人最早的航海行为不是出于殖民的目的，而是为了进行贸易和采矿。西班牙人最早开始进行殖民活动，他们占领了整片美洲新大陆。不久之后，葡萄牙人也想从中分一杯羹。教皇利用罗马教会在世界上仅存的影响力将新大陆瓜分给了这两个新来的国家，巴西被分给了葡萄牙，佛得角群岛以东则归西班牙所有（1494年）。这一时期的葡萄牙也在向南方和东方进行海外扩张。1497年，达·伽马从里斯本出发航行到桑给巴尔岛，随后航行至印度的卡利卡特。1515年葡萄牙船队抵达了爪哇岛和马鲁古群岛，葡萄牙人在印度洋沿岸建立并巩固了贸易基地。莫桑比克、果阿、印度的两个辖区、中国澳门[①]和帝汶岛至今仍是葡萄牙的殖民地。

　　教皇的裁决没有涉及的国家对西班牙和葡萄牙的权利不屑一顾。很快，英国、丹麦、瑞典和荷兰开始占领北美和西印度，法国的天主教国王对教皇的裁决持有和新教徒同样的看法。为了争夺殖民地，欧洲的战火进一步蔓延。

　　长远来看，英国在海外殖民地的争夺战中获得了最大的利益。丹麦和瑞典被卷入了与德国的复杂纠纷之中，无法进行有效的海外探险。在国王"北方雄狮"古斯塔夫·阿道夫的率领下，瑞典被德国打败。丹麦人继承了瑞典人在美洲获得的殖民地，却因为离法国的战线太近而无法在英国的进攻之下保住自己的殖民地。在远东，殖民地的主要争夺者是英国、荷兰和法国，在美洲则是英国、法国和西班牙。英国由于拥有英吉利海峡这一"银色防线"而在欧洲占据了绝对的优势。拉丁帝国的传统对英国人造成的影响甚微。

　　法国在欧洲事务中一直瞻前顾后。在18世纪里，为了战胜西班牙、意大利和动乱中的德国，法国错失了向西方和东方扩张领土的机会。英国在17世纪的宗教纠纷与政治纠纷迫使很多英国人移居美洲。他们在那里扎根，并繁衍生息，使英国在美洲殖民地的争夺中占据了很大的优势。1756到1760年，英国人从法国人手中夺走了加拿大殖民地，几年后，英国的贸易公司超越了法国、荷兰和葡萄牙的势力，占据了印度半岛。巴伯人、阿克巴人和他们的后代建立的伟大的蒙古帝国早已衰落，并最终败给英国东印度公司，这是史上最伟大的征服之一。

---

① 澳门已于1999年回归中国。——译者注

伊丽莎白女王时期的早期东印度公司只是一个从事海上贸易的公司。后来，这家公司不得不用军队来武装自己的商船。如今这家贸易公司拥有大量的收益，不仅从事着香料、染料、茶叶和珠宝的贸易，还影响着贵族的收入和领土以及印度的命运。在贸易活动的同时，这家公司还进行着大量的海盗活动。没有人对这家公司的所作所为提出质疑。因此东印度公司的队长、指挥官和官员们得以满载而归，甚至连普通员工和士兵在返回英国时都带回了大量的赃物。

当人们拥有大量富裕的土地时，往往会失去判断是非的能力。这是一片陌生的土地，就连阳光都很陌生。这里的人们有着棕色的皮肤，看起来像另一个人种，不在他们同情的范围之内。这里的神秘庙宇维持着极高的行为标准。东印度公司的将军和官员们回国后相互指控对方犯下勒索和虐待的罪名，这令本土的英国人感到困惑。国会对克莱夫判处制裁后，他于1774年自杀。1788年，另一个重要的印度事务管理者沃伦·黑斯廷斯遭到弹劾，并被无罪释放（1792年）。英国国会对一家伦敦贸易公司进行裁决，而这家公司统治着一个面积比英国全境更广阔、人口更多的庞大帝国。这是史无前例的现象。对英国大众而言，印度是一个几乎遥不可及的神秘国家，贫穷的年轻人去那里探险，很多年后他们满载而归，自己却变成了脾气暴躁的老头子。英国人很难想象东方的无数棕色皮肤的人们过着怎样的生活。他们的想象力罢工了。印度仍然是一个虚无缥缈的国度。因此，英国不可能对东印度公司的行动采取任何有效的监管和控制。

当西欧各国忙于争夺海外殖民地时，亚洲大陆上正进行着两场重要的征服战。中国在1360年推翻了蒙古族的统治，汉族建立的明朝一直持续到1644年。随后，另一个少数民族征服了中国，他们的统治持续到了1912年。与此同时，俄罗斯正在向东扩张，并开始在国际事务中发挥重要作用。作为旧世界的主要力量，俄罗斯既不完全属于东方，也不完全属于西方，它的崛起是人类命运中最重要的里程碑之一。俄罗斯的扩张主要归功于干草原上出现了一个信仰基督教的民族——哥萨克人，他们形成了一道屏障，隔开了西方的波兰和匈牙利等封建农业社会和东方的鞑靼民族。作为欧洲的狂野的东部民族，哥萨克人在很多方面与19世纪中叶的美国狂野的西部民族十分相似。所有不受俄罗斯欢迎的人群，比如罪犯、受到迫害的无辜者、反叛的农奴、异教徒、小偷、流浪汉、杀人犯，都在南方的大草原上寻求庇护，反抗波兰人、俄罗斯人和鞑靼人的压迫，争取自由和新生活。来自东方的鞑靼族逃亡者也加入了哥萨克人的行列。渐渐地，这些边境民族被吸纳进了俄罗斯的国家军队，就像苏格兰的高地部落被英国兵团收编一样。他们在亚洲获得了新的土地。他们成为对抗残余的蒙古游牧民族的武器，他们先后与土耳其斯坦、西伯利亚和阿穆尔河的蒙古部落交战。

蒙古族在17世纪和18世纪走向衰落的原因是很难解释的。在成吉思汗和帖木儿之后的两三个世纪里，中亚在全世界的支配地位逐渐衰落。气候的变化，史上没有记载的瘟疫、疟疾也许是导致中亚民族衰落的原因——从宏观的历史角度来看这种衰落只是暂时的。一些学者认为中国传播的佛教思想对他们产生了和平的影响。无论如何，到16世纪时蒙古人、鞑靼人和土耳其人不再向外扩张，反而受到了来自西方的信仰基督教的俄罗斯人和来自东方的中国人的入侵而节节败退。

在17世纪里，哥萨克人从欧洲境内的俄罗斯向东部扩散，每当发现适合农耕的土地，他们便会在那里定居。他们建立了由堡垒和驻地构成的警戒，形成一条移动的边境线，以此抵御南方强大而又好战的土库曼人。然而，俄罗斯的东北部却没有边境线，一直延伸到了太平洋。

$54.$ 美国独立战争

    18世纪下半叶见证了欧洲的分裂和动乱，尽管不再拥有任何统一的政治和宗教理念，书籍、地图和远洋轮船极大地刺激了人类的想象力，使欧洲得以在混乱和充满异议的状态下控制世界所有的海岸。由于欧洲拥有意外的优势，这场产业的沸腾是计划外的偶然事件。凭借着这些优势，来自西欧的殖民者占领了人烟稀少的美洲新大陆，南非、澳大利亚和新西兰也被视作了欧洲人潜在的家园。

    哥伦布发现美洲和达·伽马抵达印度的动机是所有水手最初的目的——贸易。在人口众多、经济繁荣的东方，贸易的动机仍然占据首要位置，欧洲人的定居地一直是贸易基地，这里的欧洲居民希望有朝一日能够衣锦还乡，然而抵达美洲的欧洲人面对的是生产力十分低下的部落，这使他们把精力转向了开采黄金和白银。西班牙在美洲的殖民地尤其盛产银矿。来到美洲的欧洲殖民者不仅是武装的商人，也是勘探者、矿工、自然资源的开采者和种植者。他们在北方寻找皮毛。由于采矿和种植要求固定的居住地，他们强迫人们在海外永久定居。在17世纪早期，英国清教徒为了躲避宗教迫害而逃到新英格兰；到了18世纪，奥格尔索普把因欠债而入狱的英国人送往格鲁吉亚；在18世纪末，荷兰人把孤儿送去好望角；最终，欧洲人为了寻找新家园而来到大洋彼岸。到了19世纪，尤其伴随着蒸汽轮船的应用，前往美洲和澳大利亚新大陆的欧洲人连续数十年源源不断，形成了一股移民的浪潮。

不断增长的欧洲海外移民人口把欧洲文化传播到了更广阔的地域。这些新的社群在不知不觉中把业已成熟的文化带到了发展中的新大陆，欧洲的政治家们没有预见到这种情况，也不知道应该如何应对。于是欧洲的政客和大臣们继续把这些社群视为远征据点、财政收入的来源、"所有物"和"属国"，尽管那里的人们早已建立了独立的社会生活。当这些移民者扩散到内地后，海上的军事行动已经无法对他们产生有效的打击，然而宗主国仍然把这些人视作无助的臣民。

我们必须记住，直到进入19世纪，这些海外殖民帝国是通过远洋轮船联系起来的。在陆地上，最快捷的交通方式仍然是马匹，陆地上的政治系统的凝聚力仍然依赖于由马匹建立的通信网络。

在18世纪下半叶的中期，北美北部2/3的地区都是英国的殖民地。法国已经放弃了争夺美洲。巴西处于葡萄牙的统治之下，还有一两座小岛受法国、英国、丹麦和荷兰的控制。此外，佛罗里达、路易斯安那、加利福尼亚和美国南方各州都是西班牙的殖民地。缅因州和安大略湖以南的英国殖民地最早显示出了海上军事力量已经无法压制团结在一个统一的政体下的海外人口。

这些英国殖民地居民的背景不同，性格迥异。法国人、瑞典人、荷兰人和英国人都建立了自己的定居地。马里兰州生活着英国天主教徒，新英格兰则住着一群英国极端新教徒。新英格兰人抨击奴隶制，自己从事农耕，而弗吉尼亚州的英国人和南方的种植园主却购买了大量的黑奴。各州之间没有形成自然的统一。从一个州到另一个州可能要经过艰难的海上航行，并不比横跨大西洋的旅程轻松许多。由于不同的背景和自然条件而难以形成统一的美洲英国移民者却因为英国政府的自私和愚蠢而被迫统一起来。他们被英国政府课税，但却没有被告知税收的用途；他们的贸易活动成为英国利益的牺牲品；英国政府不顾弗吉尼亚人的反对控制了利益丰厚的奴隶贸易，弗吉尼亚人虽然乐于蓄奴，却害怕越来越强大的黑奴们的反抗。

此时的英国正陷入了强化的君主专制阶段，乔治三世（1760–1820年）的顽固加剧了英国和殖民地政府之间的矛盾。

英国政府颁布的法律以美洲移民的利益为代价使东印度公司受益，这进一步加剧了冲突。在新的形势下，一群乔装成印第安人的人们在波士顿港口把三箱进口的茶叶倾倒进了大海（1773年）。1775年，英国政府在靠近波士顿的列克星敦试图逮捕两名美国领袖，战争终于打响了。英国人在列克星敦打出了第一枪，第一场战役在康科德爆发。

美国独立战争开始了，在超过一年的时间里，殖民者们已经表示出了对向宗主国纳税的不满。在1776年中，由叛乱的几个州组成的国会颁布了《独立宣言》。乔治·华盛顿被推举为总司令，他和当时的很多殖民将领一样，曾接受过对抗法国的军事训练。1777年，一名英国将领伯戈因将军试图从加拿大到达纽约，他在弗里曼农场被击败，不得不在萨拉托加投降。同年，法国和西班牙向大不列颠宣战，极大地妨碍了英国的海上通信。康沃利斯将军率领的第二支英国军队在弗吉尼亚的约克镇遭遇了迎击，不得不于1781年投降。

1783年，双方在巴黎签署合约，从缅因州到乔治亚州的13个殖民地拥有了独立的主权。美利坚合众国正式成立。加拿大仍然忠于英国。

4年以来，这些州依据《十三州邦联宪法》统一在一个微弱的中央政府之下，它们似乎注定要分裂为相互独立的社群。为了对抗英国这一共同的敌人以及应对法国的激进带来的潜在分裂，它们暂时统一起来。一部《宪法》被起草并于1788年被批准，《宪法》规定了总统拥有相当大的权力，一个更有效的联邦政府建立了。1812年与英国的第二场战争进一步促进了国家的团结。尽管如此，由于联邦幅员辽阔，彼此间的利益却不一致——再加上受制于当时有限的通信方式——联邦分裂为独立的州，形成欧洲一样的割据势力只是时间问题。对偏远地区的议员来说，去华盛顿出席国会要经历一场漫长、痛苦、危险的旅程，并且，全国统一的教育和文学的推行也面临着无法克服的机械障碍。然而，世界发展的趋势对分裂起到了抑制作用。蒸汽轮船、铁路和电报的出现使美国避免了分裂，并把分散于各州的美国人民联系在一起，形成了一个现代化的伟大国家。

22年后，美洲的西班牙殖民地效仿十三州宣布独立。然而它们在地理上受到了山脉、沙漠、森林和葡萄牙在巴西建立的殖民帝国的分隔，无法形成统一的国家。于是它们成为一系列的共和国，在早期它们彼此之间非常容易爆发战争和革命。

巴西走上了另一条不可避免的分裂之路。1807年，法国军队在拿破仑的率领下占领了巴西的宗主国葡萄牙，葡萄牙国王逃到了巴西。在这之后，与其说巴西依赖于葡萄牙，不如说葡萄牙依赖于巴西。1822年，巴西宣布独立，葡萄牙国王的儿子佩德罗一世成为皇帝。然而新大陆一向不欢迎君主专制。1889年，巴西皇帝被秘密送往欧洲，巴西和美洲其他国家一样成为共和制国家。

55. 法国大革命和君主复辟

英国尚未失去美洲的十三处殖民地时，在这个伟大帝国的核心便发生了一场影响深远的社会和政治动乱，令欧洲人深刻意识到了世界的政治局势的不稳定性。

我们说过法国君主制是欧洲最成功的君主制度。法国国王成为众多小国国王们羡慕和效仿的榜样。然而法国的君主制的繁荣建立在不公正的基础之上，这导致了它的戏剧性的毁灭。这一制度非常积极进取，但却以消耗平民的生命和财产为代价。神职人员和贵族受到法律的保护得以免除赋税，国家的财政重担全落在了中层和底层人民的肩上。农民被课以重税，中产阶级受到贵族的支配和侮辱。

1787年，法国王室破产，不得不召集不同阶级的代表商谈如何解决入不敷出的财政困境。1789年，由贵族、教士和平民组成的议会在凡尔赛召开，这种形式和早期的英国国会很像。这是1610年以来的首次三级议会。在此期间，法国一直实行着君主专制制度。如今，人民终于有机会表达长期以来的不满。由于第三等级——平民阶级决心控制议会，三个阶级之间立刻爆发了争论。平民占据了上风，三级议会成为全国性的议会，他们决心效仿英国议会，限制法国王室的权力。国王路易十六从外省召集军队准备镇压平民。巴黎和法国爆发了起义。

君主专制制度迅速瓦解了。阴沉的巴士底狱被巴黎人民攻占，暴动迅速蔓延到法国全境。在东部和西北部，很多贵族的城堡被农民烧毁，城堡的产权证明被撕毁，城堡的主人们被杀害或流放。业已衰败的贵族制度在一个月之内瓦解了。王后的宴会上的许多宾客和侍臣逃往国外。巴黎成立了临时的市政府，其他大城市大多建立了国民警卫队，这支武装部队由当地市政府设立，它的主要任务是抵抗国王的军队。国民议会的使命就是建立一套新时代的政治和社会体系。

这个使命对国民议会而言是一项极大的考验。国民议会迅速扫除了极权政体导致的不公正现象，废除了税务豁免、农奴制、贵族头衔和特权，并尝试在巴黎建立君主立宪制。国王放弃了富丽堂皇的凡尔赛宫，在巴黎的杜伊勒里宫中过着朴素的生活。

国民议会在成立后的两年里似乎找到了建立有效的现代政府的方向。虽然议会的工作大多仍处于实验性阶段，尚有需要改进之处，但已经取得了持续性的显著成效。刑法典得到了修正，废除了酷刑、武断的监禁和对异教徒的迫害。诺曼底、勃艮第等古老的省份被重新划分为80个省。所有阶级的人都有资格成为军队最高指挥官。议会还建立了一个简单的司法体系，然而法官由大众选举产生，任期很短，这一弊端损害了司法系统的效率。这种体系让大众成为终审法庭，法官和议会成员一样被迫迎合大众的观点。教堂的巨额财富被没收，归国家所有，不用于教育和慈善事业的宗教场所都被关闭了，教士的工资由国家支付。这对于法国的底层教士而言并非坏事，与高级教士相比他们的收入十分微薄。牧师和主教由选举产生，这一举措动摇了罗马教会的根基，因为罗马教会的一切活动都以教皇为中心展开，所有教职都是自上而下任命的。国民议会希望借此机会一举将法国教会转变为新教式的教会，即使无法改变教会的信条，至少要改变其组织形式。在法国各地，由国民议会选举产生的国家牧师和忠于罗马的反对派牧师之间一直冲突不断。

1791年，国王和王后与他们在国外的君主和贵族盟友合作，令法国的君主立宪制实验戛然而止。外国军队聚集在法国的东部边境，在6月的一个夜晚，国王一家人逃出了杜伊勒里宫，与外国盟友和流亡的贵族们汇合。他们在瓦雷纳被捉住，并被带回了巴黎，引发了全国人民对共和制的拥护。法兰西共和国成立了，随即对奥地利和普鲁士宣战。参照英国的例子，法国国王受到了审判，并以叛国的罪名被判处死刑（1793年1月），

随后，法国历史进入了一段奇特的时期。法国人民之间兴起了对共和制的狂热拥护，对内和对外的妥协都结束了。在国内，任何保皇党和对共和制的任何形式的不忠都将受到铲除；在国外，法国是所有革命派的保护者和支持者。全欧洲和全世界都将实现共和制。法国的年轻人争相加入共和军队，法国大地唱响了一支激昂的新歌——《马赛曲》，这首歌曲至今仍像红酒一样令人热血沸腾。伴随着《马赛曲》的旋律，法国士兵的刺刀和炮火令外国军队节节败退，在1792年结束前，法国军队取得的战绩早已超越了路易十四，并在世界各地都赢得了胜利。他们抵达了布鲁塞尔、占领了萨沃伊、袭击了美因兹，占据了荷兰的斯凯尔特河。此后法国政府做出了不明智的决策。在处决国王之后，英国遣返了法国的外交代

表，法国政府一怒之下对英国宣战。这是不明智的举动，因为革命虽然罢免了贵族军官，使法国拥有了骁勇善战的步兵团和炮兵团，却也破坏了法国海军的纪律，而英国却拥有最强大的海军。尽管大不列颠的自由主义运动对法国大革命抱有同情的态度，法国的挑衅使得英国团结起来一致对抗法国。

在接下来的几年里，法国与欧洲联军处于交战状态，我们并不清楚这场战争的细节。法国永久驱逐了占领比利时的奥地利人，并在荷兰建立了共和制。荷兰舰队在特塞尔岛被冻住，不得不向一支骑兵小队缴枪投降。法国对意大利的进攻搁置了一段时间，直到1796年，新上任的将军拿破仑·波拿巴率领衣衫褴褛饥肠辘辘的共和军队成功穿越皮德蒙特进入曼图亚和维罗纳。C. F. 阿特金森说："最令欧洲联军惊讶的是共和军队的人数和机动性。这支临时拼凑成的队伍所向披靡。因为缺少军饷，他们连帐篷都没有，由于缺少大量的马车，后勤运输也无法实现，在1793年到1794年的这段时间里，能够令正规军队全体开小差的种种恶劣条件，这些共和军全都甘之如饴。如此庞大的一支队伍无法随军携带补给品，法国共和军很快便以'在乡间生活'而闻名。1793年见证了现代军事体系的诞生——高机动性，全国性力量的充分发展，露营，用征用和武力取代仔细的军事部署、小型的精锐部队、帐篷、充足的补给和计谋。前者象征了强迫决策的精神，后者代表了少冒险，多收获。"

当这些贫穷而又狂热的共和军高唱《马赛曲》为法国而战时，他们并不清楚自己究竟是在打动还是解放这些村落。共和主义的热情在巴黎却以一种不光彩的形式表现出来。如今领导革命军的是一名狂热的领袖——罗伯斯庇尔。他是一个难以评价的人，他的身体孱弱，生性胆小，却自命不凡。但他天生拥有领导力。他立志拯救共和国，在他看来，只有自己才能拯救法兰西。因此保持自己的政治地位便是拯救共和国。而共和国的精神似乎来源于屠杀保皇党和处决国王。各地爆发了动乱。在西部的旺代省，贵族和牧师领导了一场反对征兵和剥夺东正教牧师财产的起义；南方的里昂和马赛也揭竿而起，图伦的保皇党接纳了英国和西班牙军队进入要塞。对此，除了继续屠杀保皇党人之外似乎没有其他有效的应对手段。

革命军的法庭开始运作，屠杀稳步进行着。断头台的发明为这股杀意提供了机会。王后、罗伯斯庇尔的大部分反对者和无神论者都被斩首了，日复一日，地狱般的断头台不停地砍下一个又一个脑袋。罗伯斯庇尔的统治仿佛建立在鲜血之上，他像瘾君子离不开鸦片一样嗜血。

在1794年的夏天，罗伯斯庇尔的统治终于被推翻了，他本人也被斩首。在他死后，由5个人构成的执政团体继续进行卫国战争，他们的统治长达5年，在这段充满暴力和变动的历史中形成了一段奇特的插曲。他们延续了共和军的使命。法国军队带着革命的热情进攻荷兰、比利时、瑞士、德国南部和意大利北部。他们流放了所到之处的国王，并在当地建立起共和制。然而，鼓舞着执政者的狂热政治理想未能阻止军队抢夺当地人民的财产以缓解法国政府的财政紧张。他们的战争变得越来越偏离自由与正义，反而越来越接近旧秩序下的侵略战争。已被法国抛弃的君主专制的最后的特点就是当时的外交政策。在五人执政团体的领导下，这一特点像革命之前一样显著。

一个人的崛起将法国的自负以最强烈的形式呈现出来，对法国和整个世界而言这并不是一件值得庆幸的事情。他为法国带来了长达10年的荣耀，然而这种荣耀最终以失败的屈辱而告终。他就是率领军队在意大利大获全胜的拿破仑·波拿巴。

在执政团体统治法国的五年里，拿破仑一直在努力提升自己的政治地位。渐渐地，他登上了权力的顶峰。他的理解力十分有限，却精力充沛，并且有着杀伐决断。他在早期是罗伯斯庇尔派的极端分子，他在那里得到了第一次晋升，然而他并不真正理解欧洲涌现的新的力量。他的终极政治理想促使他做出重建西欧帝国的过时的努力。他试图毁灭神圣罗马帝国的残余力量，并用以巴黎为中心的新的帝国来取代它。住在维也纳的皇帝不再是神圣罗马帝国的统治者，而只是奥地利皇帝。为了娶一位奥地利公主，拿破仑和自己的法国妻子离婚。

1799年，拿破仑成为第一执政，即实际上的法国君主。1804年，他效仿查理曼大帝自封为法兰西皇帝。他在巴黎接受了教皇的加冕，就像查理曼大帝那样从教皇手中夺过王冠戴在了自己头上。他的儿子被加冕为罗马国王。

拿破仑的统治为法国带来几年的胜利。他征服了意大利的大部分地区和西班牙，战胜了普鲁士和奥地利，统治了俄罗斯以西的欧洲全境。然而他未能从英国手中夺得海上的控制权，他的舰队在特拉法加被英国海军上将尼尔森彻底击溃（1805年）。西班牙在1808年揭竿而起，威灵顿率领的一支英国部队令法国军队节节败退，最终从北方撤离西班牙半岛。1811年，拿破仑与沙皇亚历山大一世产生了冲突。1812年，他率领60万大军进攻俄国，这支大军却被俄罗斯人和冬天的酷寒彻底击败。德国起兵讨伐拿破仑，瑞典也对他宣战。法国军队被打败，拿破仑在枫丹白露退位（1814年），他被流放到了厄尔巴岛。1815年，拿破仑回到法国，发起最后的反攻，却在滑铁卢被英国、比利时和普鲁士联军击败。他被英军俘虏，并于

1821年在圣赫勒拿岛逝世。

　　法国大革命诞生的力量就这样消耗殆尽了。胜利的联军在维也纳召开会议，竭力恢复革命所摧毁的秩序。欧洲拥有了40年的来之不易的和平，参见《大英百科全书》中"法国大革命"的相关章节。

56. 欧洲短暂的和平

在这一时期，影响社会秩序与世界和平的主要原因有两个，它们酝酿了1854年到1871年之间的战争。第一个原因是王室希望恢复自身的特权，并干涉了思想自由、出版自由和学术自由。第二个原因是维也纳的外交官们所设置的障碍。

第一个明显表现出君主复辟倾向的国家是西班牙。这个国家甚至恢复了宗教法庭。当拿破仑的弟弟约瑟夫于1810年登基为西班牙国王时，大西洋彼岸的西班牙殖民地效仿美国脱离了欧洲宗主国的控制。在南美洲，像乔治·华盛顿一样担任了革命指挥官的是玻利瓦尔将军。西班牙未能成功镇压这场起义，和美国独立战争一样，西班牙独立战争也持续了很长时间。最终，奥地利提议，为了履行"神圣同盟"的精神，欧洲的君主制国家应该协助西班牙镇压这场革命运动。英国提出了反对，然而真正阻止这场君主复辟计划的是美国总统门罗在1823年的行动。门罗总统宣布美国将把欧洲国家在西半球的任何扩张企图视为敌对行为。这一宣言被称为"门罗主义"，即拒绝任何外国势力对美国主权的干预。在接近100年的时间里，门罗主义抵挡了欧洲列强对美国的觊觎，使美国的西班牙殖民地得以重建秩序。

　　然而，失去了美洲殖民地的西班牙至少还可以在欧洲同盟的保护下在欧洲为所欲为。1823年，在欧洲议会的授权之下，西班牙人民的起义遭到了法国军队的镇压，与此同时，奥地利镇压了发生在那不勒斯的起义。

　　1824年，路易十八逝世了，查理十世继位。查理破坏了出版自由和学术自由，建立了集权政府，政府决定用十亿法郎来补偿贵族们在1789年的大革命中所损失的城堡和财产。1830年，巴黎人民爆发了反对君主专制的起义，推翻了查理的统治，路易·菲利普继位，他的父亲奥尔良的菲利普公爵在"恐怖时期"已被处决。欧洲大陆的其他君主由于面临着深入人心的英国大革命和自由主义在德国和奥地利的兴起而未能对此做出干涉。毕竟，法国仍是君主制国家。路易·菲利普（1830—1848年）的统治长达18年。

　　维也纳议会带来的和平在君主专制的保守派的干预下岌岌可危。各国的外交官在维也纳建立的不科学的边界产生的政治压力使各国军事力量蠢蠢欲动，他们对人类的和平造成了更大的威胁。欧洲各国说着不同的语言，阅读不同的文学作品，拥有不同的观点，宗教纠纷进一步扩大了各国之间的差异性，同时管理不同民族的事务是极其不便的。只有在强烈的共同利益的驱使下，拥有不同语言和信仰的民族才能团结起来，就像瑞士山区团结在共同的自卫需求之下，然而即使在瑞士也盛行着地方自治。在马其顿时期，村庄和区域间的人口混杂，州的划分是必不可少的。而在维也纳会议时绘制的欧洲地图则显示出这场会议几乎导致了最大限度的地方纠纷。

　　维也纳会议毫无必要地毁灭了荷兰共和国，将荷兰的新教徒和过去的西班牙（奥地利）殖民地里说法语的天主教徒集中在一起，建立了荷兰王国。会议把过去的威尼斯共和国和远至米兰的意大利北部全境都交给了说德语的奥地利人。说法语的萨沃伊地区与意大利部分地区合并为撒丁王国。奥地利和匈牙利本身就是很多不和谐的民族的混合体，容纳了德国人、匈牙利人、捷克-斯洛伐克人、南斯拉夫人、罗马尼亚人，如今还有意大利人。此外，奥地利于1772年和1795年对波兰的兼并得到了确认，使得国内局势进一步复杂化。信仰天主教并拥护共和制的波兰人大多被纳入了信仰东正教的沙皇的统治范围，但是重要的地区被划分给了信仰新教的普鲁士。沙皇还吞并了芬兰。习俗迥异的挪威人和瑞典人接受着同一个国王的统治。读者即将看到，德国的处境尤其危险和混乱。普鲁士和奥地利的部分领土和其他一些小国都被划分在德意志联邦的范围之内。由于遥远的血缘关系，丹麦国王统治着德意志联邦。尽管卢森堡的统治者同时是荷兰国王，并且很多卢森堡人说法语，卢森堡也归属于德意志联邦。

议会的决定彻底忽略了不同民族拥有不同的语言、文学、思想和习俗，如果他们能够使用自己的语言、根据自己的习俗来管理自己的事务，这将对他们自身和整个世界产生更好的影响，并且能够避免很多纠纷。这一时期的德国流行着一首歌谣，歌中唱到说德语的地方便是德意志人的祖国。

1830年，受到当时的法国革命的影响，荷兰境内的说法语的比利时人爆发了起义。由于担心共和制在荷兰崛起，或者荷兰被并入法国，联盟迅速出动化解这场危机，并任命萨克森-科堡-哥达的利奥波德一世为比利时国王。意大利和德国也于1830年爆发了起义，但都以失败告终。俄罗斯统治下的波兰爆发了更严重的起义，一个共和制的政府在华沙成立，并与尼古拉斯一世（1825年登基，亚历山大的继任者）抗衡了一年，最终遭到了残暴的镇压。波兰语被禁止使用，东正教取代罗马天主教成为国教。

　　1821年，希腊爆发了反抗土耳其人的起义。绝望的战争持续了6年，欧洲各国冷眼旁观。自由主义者对这种不作为表示抗议，来自欧洲各国的志愿者们加入了叛军的行列，最终，英国、法国和俄罗斯采取联合行动。在纳瓦里诺战役（1827年）中，土耳其舰队被英法联军消灭，沙皇下令进攻土耳其。《阿德里安堡协议》（1829年）宣布希腊为自由国，然而希腊没能恢复共和制的传统。一名德国国王——巴伐利亚的奥托亲王成为希腊的统治者，多瑙河沿岸（如今的罗马尼亚）和塞尔维亚（南斯拉夫地区）被纳入基督教的管理之下。经过了更多人的流血牺牲之后，土耳其人才彻底被驱逐。

57. 物质文明的发展

从17世纪到19世纪初，欧洲正处于群雄割据的时代；从《威斯特伐利亚和约》（1648年）到《维也纳条约》（1815年），欧洲的政治局势发生了巨大的改变；远洋轮船把欧洲的影响力传播到了全世界。与此同时，知识得到了稳定的发展，欧洲人和欧洲影响下的人们对周围世界的理解正在变得逐渐清晰。

知识的发展与政治生活的发展相互独立，在17世纪和18世纪，知识没有对政治生活产生立竿见影的效果，也没有对这一时期的大众观点造成显著的影响。这些影响在后来逐渐表现出来，直到19世纪才达到顶峰。这一过程主要发生在一小部分富有的、独立思考的人群中，英国人称这些人为"低调的绅士"。没有他们，科学研究不会在希腊诞生，也不会在欧洲复苏。大学对这一时期的哲学和科学思想产生了一定的影响，但大学并不是主要因素。被传授的知识注定是怯懦和保守的知识，除非受到独立思想的鼓舞，这种知识往往缺乏主动性并抵制创新。

我们已经注意到了成立于1662年的英国皇家学会为实现培根在

《新亚特兰蒂斯》中描述的梦想而做出的努力。在18世纪，人们对物质和运动有了更深刻的理解，数学得到了发展，光学玻璃在显微镜和望远镜上的应用得到了系统的发展，各项自然科学找到了新的方向，解剖学得到了复苏。在亚里士多德和列奥纳多·达·芬奇（1452—1519年）的预言之后，地质学终于开始了对岩石记录的解读。

物理学的进步对冶金业产生了影响。冶金技术的改良使得金属和其他物质的大规模应用成为可能，从而促进了实用发明的出现。机械装置的规模更大、数量更多，推动了工业的革命。

1804年，特里维西克在运输业中应用了瓦特引擎，制造出了第一辆火车头。1825年，从斯托克顿到达灵顿的第一条铁路开通了，史蒂文森的"火箭号"火车重达13吨，速度可达每小时44英里。自1830年起，铁路逐渐增多。到19世纪中期，铁路网络已经遍布欧洲各地。

高速陆地交通的出现对长期以来一成不变的人类生活而言是一场剧变。在俄罗斯的灾难之后，拿破仑从维尔纳附近出发，在312小时之内抵达了巴黎。这段路程约1 400英里。他以尽可能的速度前进，平均时速只有5英里。普通人走完这段路程需要两倍以上的时间，这和公元1世纪的旅行者从罗马到高卢的速度相似。然后剧变发生了，任何人都可以乘坐火车在48小时之内行驶完这段距离。这意味着欧洲各国间的距离缩短为了之前的十分之一。这也使得一个政权的有效管理范围扩大到了原来的10倍。铁路为欧洲带来的可能性尚未得到完全的认识，欧洲仍被马匹和小路的时代遗留下的界限相互分隔。铁路在美国则产生了立竿见影的效果。向西蔓延的铁路网络意味着无论边境在多遥远的地方，都能与华盛顿保持联系。

这意味着过去不可能实现的大范围的统一。

蒸汽船甚至比蒸汽机出现得更早一点。1802年，一艘名为"夏洛特·邓达斯号"的蒸汽船在克莱德运河湾航行。1807年，美国人富尔顿拥有一艘使用了英国造引擎的蒸汽船"克莱蒙特号"，这艘船曾在流经纽约的哈德逊河上行驶。第一艘海上蒸汽船是来自美国的"凤凰号"，它从纽约驶向费城。第一艘横渡大西洋的蒸汽船"萨瓦纳"（1819年）也产自美国（这也是一艘帆船）。这些船上都装有桨轮，这样的船不适合在波涛汹涌的海上航行。桨很容易被浪击碎，一旦如此，船便失去控制了。螺旋桨式蒸汽船的发明经历了很长时间。螺旋桨需要克服很多难题才能投入应用。直到19世纪中期，海上的蒸汽船的吨位才开始超越帆船。此后，海上交通产生了迅速的变革。海上交通的时效终于有了一定程度的确定性。横渡大西洋的航行在过去需要花费几周的时间——甚至可能延长到几个月——如今速度得到了提升。1910年，最快的船可以在5天之内横渡大西洋，抵达日期大致可以确定。

随着陆地和海上的蒸汽运输业的发展，伏打、伽尔伐尼和法拉第对电的研究为人类的交流带来了新的可能性。电报诞生于1835年。1851年，法国和英国之间连通了第一根海下电缆。几年之内，电报系统风靡了文明世界，过去只能点对点传播的新闻如今几乎能够同步发送到全世界。

蒸汽铁路和电报对19世纪的大众而言是最具革命性的发明，然而它们只是更广阔的科学进程中最显眼的、最早的果实。科学和技术正迅猛发展，并取得了史无前例的巨大成就。人类对物质世界的影响力也从微不足道逐渐变得至关重要。在18世纪中叶以前，人们用木炭加热矿石提炼铁，人们只能加工小型的铁器，通过手工锤炼塑造成型。铁是工匠运用的材料。铁器的质量极大地依赖于铁匠的经验和技艺。在这种情况下（16世纪），人们能够处理的铁的重量最多只有两三吨（因此，大炮的尺寸拥有绝对的上限）。18世纪时，出现了使用焦炭的熔炉。18世纪之前人们已经发现了轧制的薄铁板（1728年）和轧制的铁棒（1783年）。最终，内史密斯于1838年发明了汽锤。

古代世界由于冶金业的落后而无法使用蒸汽。即使是最原始的蒸汽引擎也离不开铁片的应用。以现代的眼光来看，早期的引擎就像一堆粗糙的铁器，然而这已经是当时的冶金业所能达到的极限。直到1856年才出现了贝塞麦炼钢法，1864年出现了平炉炼钢法，这种方法使钢铁可以被融化、提纯和铸造到前所未闻的程度。如今，在电气化的炼钢炉里，成吨的钢铁像平底锅里的牛奶一般旋转沸腾。人类过去所取得的所有技术成就都比不上对冶炼和锻造大量钢铁的技术的彻底掌握。铁路和早期的各种引擎只是新式冶金术的首批成果。如今，钢铁已广泛应用于轮船、大桥和新式的大规模建筑之中。人们很久后才意识到铁路的规划过于谨慎了，他们可以在更广阔的范围中实现更加稳定和舒适的铁路旅行。

在19世纪前，世界上还没有出现载重超过2 000吨的船，如今50 000吨的轮船也不足为奇。有些人对此不屑一顾，他们认为这只是"尺寸上的进步"，然而这种轻蔑的态度反而显示出了他们本人在知识领域的局限性。大型船舶和钢结构建筑并非像他们想象中那样，只是以往的小型船只和建筑的扩大版，而是存在着本质上的不同。它们更加轻巧和坚固，并且由更优质的材料制成，它们不是根据经验制造出的，而是经过了细微和复杂的计算。对旧式的房屋和船只而言，物质占据首要位置——人们不得不受制于材料及其特性；对于新式的房屋和船舶，物质已被改造和驯服。煤、铁和沙土被开采出来，经过冶炼和锻造，最终成为闪亮的钢筋和玻璃，矗立在熙熙攘攘的城市里，这是怎样的一幅画面！

我们已经描述了人类在炼钢领域的知识的进步。铜、锡、镍、铝等其他金属的冶炼也经历了类似的发展，其中一些金属在19世纪前尚不为人所知。人类对物质的了解越来越深刻，其中包括各种各样的玻璃、岩石、石膏、颜色和纹理，机械革命的主要成就便是在对物质的认识中取得的。然而我们仍然处于革命成功的早期阶段。我们拥有力量，却不知道应该如何使用这股力量。许多科学成果在早期被应用于粗鄙、艳俗、愚蠢和可怕的领域。能工巧匠们尚未开始运用这些供他们驱使的多种材料。

伴随着机械领域的延伸，电学这一新的科学得到了发展。直到19世纪80年代，这一领域才取得了令人瞩目的成果。随后，电灯和电力牵引出现了。力可以发生变化，电流通过铜线进行传播，就像水在管道里流动一样，按照人们的意愿把电能转化为动能、光能或热能，这些想法逐渐得到了普通人的理解。

一开始，英国人和法国人在知识的传播中起到了主要作用。后来，在拿破仑时期学会了谦逊的德国人在科学探索中表现出了极大的热情和恒心，甚至超越了英国人和法国人。英国的科学很大程度上归功于在学术中心以外从事研究的英格兰人和苏格兰人。

当时的英国大学教育水平落后，迂腐地沉迷于对拉丁和希腊经典的研究。法国教育也受到了耶稣会传统的支配，因此，对德国而言，召集一小群研究者便不是什么难事。相比于问题的可能性，这些研究员人手稍显不足，但他们在数量上仍然超过了英国和法国的发明家与实验家。尽管这些发明和实验让英国和法国成为世界上最富有和强大的国家，却没能为科学家们带来财富和权力。一名真诚的科学家往往是不计名利的，他会彻底沉浸于研究之中，没有精力去思考如何用研究成果谋取利益。因此，科学家的发现自然很容易被贪婪的人用来牟利。于是我们发现英国的每一次科技进步之后都诞生了一批富人，尽管他们与学者和教士不同，富人并不想把新技术扼杀在摇篮之中。他们认为新发明的出现就是为了让聪明人从中牟利。

在这件事上，德国人更明智一些。德国的"学者们"没有对新的知识表现出同样的敌意。他们允许新技术的发展。德国的商人和工匠也不像英国的竞争者们那样对科学家抱有敌意。这些德国人相信，知识就像庄稼，勤劳浇灌便会得到收获。因此，他们把一部分机会让给了科学家，德国的科研费用开支相对较高，这笔开支得到了巨大的回报。到19世纪下半叶，德国科学家已经让德语成为学习科学的通用语言，在某些领域中，尤其是化学领域，德国取得了比邻国更大的成就。德国在19世纪60年代和70年代的科研努力开始在80年代后开花结果，德国在技术和工业领域变得比英国和法国更加繁荣。

在19世纪80年代，一种新的引擎的使用揭开了发明史的新篇章，这种引擎用爆炸混合物代替了蒸汽作为膨胀力。这种高效的轻型引擎被应用于汽车上，科学家最终发展出了足够轻便和高效的引擎，使得飞行——人们早已知道这是可以实现的——成为现实。早在1897年，华盛顿史密森学会的兰利教授便成功制造出了一台飞行器——但这台飞行器体积不够大，不能载人。1909年，人类已经可以乘坐飞机旅行。铁路和公路交通的发展似乎限定了人类的速度极限，然而飞机的出现进一步缩小了世界各地之间的距离。在18世纪，伦敦到爱丁堡的距离等于长达8天的旅程；而在1918年，据英国民用航空交通委员会报告，在几年之后只需8天便能从伦敦抵达位于地球另一端的墨尔本。

我们不需要过于强调这种距离的缩短。它们只是更广阔意义上的人类可能性的一个缩影。农业和农业化学在19世纪取得了同样显著的进步。人们学会了如何通过施肥让同一块地的产量与17世纪相比得到四五倍的提升。医学上的成就更加显著，平均寿命得到了提升，医学的发展使得疾病对生命的消耗减少，从而提高了日常效率。

这一时期，人类的生活产生了翻天覆地的变化，历史进入了一个新的阶段。这场机械革命发生在一个多世纪里。在此期间，人类的物质生活水平得到了极大的改善，超越了整个旧石器时代和农耕时代的进步。人类的生活中出现了一个新的庞大的物质框架。显然，我们的社会、经济和政治结构都需要随之做出调整。这些调整必然服务于机械革命的发展。它们至今仍处于早期阶段。

58. 工业革命

　　历史倾向于混淆我们在上一章提到过的"机械革命"和本章即将讲到的"工业革命"，前者是在科学发展的过程中诞生的一种崭新的人类体验，它与农业的发明或金属的发现一样是全新的一步；后者的起源则完全不同，它是社会与财政发展的成果，在历史上已有先例。这两个过程同时发生，不断地相互作用，但在本质上却十分不同。即使没有煤炭、蒸汽和机械，或许也能发生某种工业革命，然而这种情况下的工业革命将更接近于罗马共和国晚期的社会与财政的发展。它将重复自由的无产耕种者、劳动群体、伟大的庄园、巨额财富和财政对社会的破坏的故事。就连工厂都诞生于力量冲突和机械发明之前。工厂不是机械发明的产物，而是"劳动分工"的产物。在水车被应用于工业生产之前，血汗工人便在制作硬纸箱、家具、彩色地图、书籍插画等。在奥古斯都的时代，罗马已经有了工厂。譬如，在书商的工厂里，新书以口述的形式由抄写员记录下来。研究笛福的著作和菲尔丁的政治手册的细心的学生会发现，在17世纪结束前，英国已经存在着把穷人聚集在一起从事集体

252

劳动的传统。莫尔早在《乌托邦》（1516年）里已经暗示过这种形式。这不是机械发展，而是一种社会发展。

直到18世纪中叶之后，西欧的社会史和经济史走过了与公元前最后3个世纪的罗马相似的道路。然而欧洲的政治分裂、对君主专制的反抗、平民的革命，再加上西欧的知识分子更容易接触到机械理论和发明，这些因素让社会和经济走上了新的发展方向。基督教的大一统思想在新的欧洲世界里得到了更广泛的传播，政治力量不再过于集中，追求财富和进取的人主动把目标从奴隶和集体劳动转向了机器生产的力量。

机械的发明与发现对人类而言是一种新的体验，机械革命的进行与它在社会、政治、经济和工业领域所产生的影响无关。而工业革命和人类的很多其他事务一样，受到机械革命所引起的环境变化的影响。在罗马共和国后期曾出现过财富积累、小农小商消失和经济快速发展的时期，18和19世纪也出现了相似的资本积累时期，二者主要的不同之处在于机械革命所造成的劳动性质的变化。旧世界主要依赖人的劳动力，所有工作最终都是由人力来完成的，劳动人民蒙昧无知，受到压迫。耕牛和马等动物力量只起到一点辅助作用。需要被举起的重量由人类举起，需要开采的石块由人类开采，需要耕种的田地由人和牛耕种。在罗马，与蒸汽船相似的是由一排排桨手驱动的大型帆船。在文明的早期，大量人口从事着机械式的苦力。一开始，动力机械并没有把人类从繁重的体力劳动中解脱出来。大批人进行着挖掘运河、铺设铁轨和路堤等工作。矿工的数量急剧增加。然而工厂的数量和商品的产量增加得更快。随着19世纪的展开，新形势下的逻辑愈发简单明了。人类不再是无差别的劳动力来源。人类可以完成的机械式工作，机器可以完成得更好。只有在进行选择和运用智慧的时候才需要由人类来完成。人类终于可以从事实现自身的价值的工作。过去，文明建立在苦工的劳动之上，他们是一群只懂得服从的、没有自己的思想的人，如今，人类的发展已经不需要苦工了。

这种情况不仅出现在古老的农业和采矿业中，还出现在新兴的冶金业里。在耕田、播种和收获的过程中都有敏捷的机器代替人工劳动。罗马文明建立在毫无尊严的廉价劳动力之上，现代文明则是建立在廉价的机械动力之上。经过了100年的时间，机械动力变得廉价，人力却变得昂贵了。如果说人力曾经在矿井中代替机械，那是因为当时的人力成本比使用机械更低。

这时，人事领域发生了重大的改变。古老文明里的富人和统治者关心的主要问题是保证苦力的充足供应。在19世纪里，聪明的统治者越来越清楚地认识到民众拥有比苦力更大的价值。为了确保"工业效率"，人们必须接受教育。人们必须理解自身的能力。从最早的基督教宣传时期起，大众教育已在欧洲萌芽，正如教育伴随着伊斯兰教的传播而在亚洲各地萌芽一样，为了使信徒们理解他们信仰的教义，并能看懂记载教义的神圣经典，教育是必须的。不同的基督教派为了争夺信徒而争相从事大众教育。在19世纪30和40年代的英国，为了争夺年轻的信徒，不同教派开设了相互竞争的教育机构，如教会的"全国"学校，反对派的"不列颠"学校，甚至还有罗马天主教的小学。19世纪下半叶，整个西方世界的大众教育得到了迅速的改善。上层阶级的教育则没有产生同样的进步——当然也有进步，但在程度上无法与大众教育相比——过去，人们以一条巨大的鸿沟划分为识字和不识字的人；如今，人与人之间只存在着些许教育程度上的差别。这一进步背后的原因便是机械革命，无论当地拥有怎样的社会背景，全世界都兴起了一场势不可挡的扫盲运动。

罗马共和国的经济革命从未得到罗马平民的理解。普通的罗马公民在生活中从未像我们一样清楚全面地看清这些变化。然而，普通民众正越来越明确地看清这场持续到19世纪末的工业革命的完整进程，因为这时他们已经能够阅读、讨论和交流，他们史无前例地亲身体会到了革命带来的改变。

59. 现代政治与社会理念的发展

    古代文明的组织结构、生活习俗和政治理念是在漫长的岁月里缓慢发展出来的，不是人为的设计，也无法被预测。直到公元前6世纪，即人类历史的萌芽时期，人们才开始认真思考彼此之间的关系，对既有的信仰、法律和政府形式提出了质疑，并提议改变和重建它们。

    我们已经讲过了希腊和亚历山大城的文化启蒙，以及奴隶制度的崩溃，宗教偏执和极权政府的阴云是如何遮蔽了启蒙的希望。直到15、16世纪，自由思想的光芒才彻底照亮了欧洲的黑暗。阿拉伯学者和蒙古征服者们也对欧洲思想天空的晴朗化产生了一定的影响。一开始，发展较快的主要是物质领域的知识。人类崛起的最早成果是物质成就和物质力量。有关人际关系、社会心理、教育和经济的科学本身更加微妙和复杂，并且不可避免地与情绪因素捆绑在一起。这些科学的发展更加缓慢，并且克服了很大的阻力。人们能够冷静地听取关于行星和分子的认识分歧最大的意见，然而有关我们的生活方式的理念却能引发所有人的思考。

正如柏拉图的大胆猜想发生在亚里士多德的努力求证之前，新时期的欧洲最早的政治探索以"乌托邦"故事的形式呈现出来，这是对柏拉图的《理想国》和《法律篇》的直接模仿。托马斯·莫尔爵士的《乌托邦》是对柏拉图作品的奇特的模仿，并促成了英国"济贫法"的颁布。那不勒斯人坎帕内拉的《太阳城》更为精彩，却没有产生重要的成果。

到了17世纪末，更多的政治学和社会学作品诞生了。约翰·洛克便是这场讨论中的一位先驱，他是英国的一位共和党人的儿子，也是牛津大学的学者，早期致力于研究化学和医学。他的关于政府、宽容和教育的著作显示了他对社会改革的可能性的清楚认识。与约翰·洛克同时期的法国人孟德斯鸠（1689—1755年）对社会、政治和宗教机构进行了根本性的分析。他揭开了法国君主集权制的神秘外衣。他和洛克一起扫除了迄今为止阻碍人类社会秩序重建的思想障碍。

在孟德斯鸠之后，18世纪中后期的学者们对他所奠定的道德和知识的基础进行了大胆的反思。继承了耶稣会的反抗精神的一群杰出的"百科全书派"作者立志建立一个新世界（1766年）。与他们并肩战斗的是重农学派的经济学家们，他们对食物和商品的分配提出了大胆的原始探究。《自然法典》的作者摩莱里批判私有财产，并提出了一种共产主义的社会形式。他是19世纪的诸多不同学派的集体主义思想家的先驱，这些思想家们被归纳为社会主义者。

什么是社会主义？社会主义的定义很多，并且分成了很多不同的学派。本质上讲，社会主义只是从公共利益的角度对财产这一概念进行的批判。我们将简短地回顾社会主义理论产生的历史。我们的政治生活主要围绕着社会主义与国际主义这两大观念而展开。

财产的概念来源于人类好斗的天性。在进化成人之前，我们的猿类祖先已经拥有财产了。原始财产是野兽争夺的对象。狗和骨头，老虎和虎穴，牡鹿和鹿群，这之间都存在着强烈的所有权关系。在社会学当中，没有什么术语比"原始共产主义"更清楚明了。对原始社会早期的家族部落中的年长男性而言，他的妻子和女儿们、他的工具以及他所见到的一切都是他的所有物。如果其他男性闯入他的地盘，他会与之展开殊死搏斗。正如阿特金森在《原始法则》中描述的那样，部落的发展经历了漫长的岁月，部落长老逐渐包容了年轻男性的存在，认可了他们对从部落外掳来的妻子、工具、自制的装饰品以及他们捕捉的猎物的所有权。人类在对彼此的所有权的让步之中得到了发展。这种出于人类本能的让步是在保护领地的过程中被迫形成的。这片山川、森林与河流既不是属于你，也不属于我，而是必须属于"我们"。虽然每个人都希望这片土地属于自己，然而这是行不通的。如果因此而产生内讧，其他部落将毁灭我们。社会一开始便是所有权调和的产物。所有权在野兽和原始人类之间的重要性比在现代的文明社会里更强烈。它在我们的本能里留下的烙印比在理智中更深刻。

　　原始人和当今的未受教化的人没有所有权的边界。只要能用武力抢夺的，就是自己的东西，女人，俘虏，猎物，林间空地，石坑等等。随着社群的发展，开始出现了限制这种两败俱伤的争斗的法律，人们发展出了解决所有权纠纷的一些原始办法。人们可以占有自己制作、捕获或最早发现的东西。无力偿还债务的人应该成为债主的所有物，这在原始社会看来是很自然的事情。同样自然的是拥有了一片土地的人应当向其他使用土地的人收取费用。伴随着社会秩序的建立，这种毫无限制的所有权才逐渐被认为是无稽之谈。人类并非诞生在一切都被占有了的世界里，从诞生之日起，他们自身已经被占有了。如今我们很难理清早期文明所产生的社会冲突，不过罗马共和国的历史说明当时的社会已经开始认识到了对公众有害的债务应当被废除，不加限制的土地所有权同样也是危害。我们发现后来的巴比伦王国严格限制了拥有奴隶的权力。最终，我们在伟大的变革者——拿撒勒的耶稣的教导中发现了对私有制的前所未有的批判。他说，骆驼穿过针眼比富人进入天堂更容易。在过去的两三千年里，针对私有制的范围的批评一直持续不断。在19世纪我们发现整个基督教世界都认为没有人是他人的所有物，并且与其他形式的所有权相比，"一家之主可以为所欲为"的观点也受到了挑战。

然而，18世纪末的世界在这个问题上仍然处于疑问阶段。一切都不够清晰明了，能够采取的行动更少了。这一时期人们的首要目标是保护财产免受国王的觊觎和贵族的剥削。法国大革命的兴起主要是为了保护私人财产免于繁重的课税。然而革命所产生的平均主义对革命初衷的财产权进行了批判。人民大众居无定所、饥肠辘辘，只有为富人做苦工才能获得食物和住所，在这种情况下，自由与平等又从何谈起呢？穷人们为此抱怨不已。

一个重要的政治团体开始着手解决这一难题。他们想要强化私有制，使其普遍化。原始的社会主义者们——更准确地说，是共产主义者们殊途同归，他们想要彻底"废除"私有财产。一个民主的国家将拥有一切财产。

双方都在追求自由和幸福，然而矛盾的是，一方提倡绝对的私有制，另一方却提倡彻底废除私有制。解决这种矛盾的线索在于，私有制不是一个独立的存在，而是一系列事物的集合。

随着19世纪的发展，人们开始意识到拥有财产不是一件单纯的事情，而是意味着拥有了许多不同的价值和结果，有些事物（例如人的身体、艺术家的工具、衣服和牙刷等）从根本上讲是人的私有财产，而很多事物，如铁路、各种机器、房屋、菜园、游艇等，它们的所有权及其应用范围需要谨慎地决定，包括它们在何种情况下属于公共财产，需要由国家代表公共利益进行管理。从现实的角度来看，这些问题属于政治领域中的问题，即如何实施并维持有效的国家管理。这些问题涉及了社会心理学，并与教育学相互影响。对私有制的批判比起一门科学，更像是一场大规模的热烈讨论。个人主义者主张保护和扩大私人所有权，而社会主义者却主张把所有权聚集起来，并加以限制。现实里，在反对任何形式的纳税的极端个人主义者和反对任何私有财产的极端共产主义者之间存在着很多中间派别。今天，一个普通的社会主义者被称作集体主义者，他会允许一定程度上的私有财产的存在，但是把教育、交通、采矿、土地所有权、重要商品的大规模生产等领域交托于完善的政府组织。如今，理智的人们更加青睐经过研究和计划的适度的社会主义制度。人们越来越清醒地认识到未受教育的人不善于合作，并且很难参与大型事业，国家从私人企业中接管的功能越多，对教育发展水平和完善的批评与控制机制的要求就越高。当代国家的新闻界和政治理念都过于原始，不足以支持大型的集体活动。

然而，在一段时间里，雇主和雇员之间的矛盾，尤其是自私的雇主和不满的工人之间的矛盾引发了世界范围的原始而激烈的共产主义浪潮，这场运动与马克思有关。马克思的理论基于这样一个观点：人的思想受到经济需求的限制，在当代文明中，富有的雇主阶级和被雇佣的大众的利益存在着必然的冲突。伴随着机械革命带来的教育上的进步，被雇佣的人民大众将越来越清醒地认识到自身的阶级地位，并愈发坚定地反抗（同样具有阶级意识的）少数统治阶级。

马克思试图用阶级斗争取代全国斗争，马克思主义先后产生了第一、第二和第三工人国际。然而从现代个人主义思想的角度来看，也有可能实现国际理想。从伟大的英国经济学家亚当·斯密的时代开始，越来越多的人意识到为了实现世界范围的繁荣，全世界的自由贸易是必须的。反对政府干预的个人主义者同样反对国界引发的关税、界限和所有对自由行动的限制。马克思主义者的社会主义阶级斗争和维多利亚时代的英国商人的自由贸易哲学本质迥异，却殊途同归地预示了打破现存的边界和限制的崭新的全球政治。现实的逻辑战胜了理论的逻辑。我们开始认识到尽管起点不同，个人主义理论和社会主义理论有着共同的追求，它们都追求更广阔的社会理念和政治空间，从而使人们能够通力合作。这一追求开始于欧洲，随着人们对神圣罗马帝国的失望与基督教王国的衰退而得到了强化，并在地理大发现时期从地中海走向了全世界。

对于本书的范围和写作意图而言，这一时期的社会、经济和政治理念的发展是一个具有很大争议性的话题。然而关于这些话题，从世界史学者的角度来看，我们便会发现重建人类思维的指导性思想的任务尚未完成——我们甚至无法估算这项任务的实现程度。这一时期确实产生了一些共同的信仰，它们对当今的政治活动和公共生活的影响清晰可见，然而在那时，它们尚且不够清晰和明确，无法被系统性地实现。人们的行为在旧的传统与新的信仰之间摇摆不定，总的来说人们更倾向于维护传统。然而，与上一代人的思想相比，人类事务中确实产生了新秩序的框架。这个框架尚且粗糙，并有含糊不清之处，在细节上也多有变动，然而它正变得越来越清晰，主要内容也越来越稳定。

每一年，人们都更清楚地看到在越来越多的领域里人类正在成为一个整体，因此有必要在这些领域中建立统一的世界范围的管控。例如，世界正在变成一个经济体，对自然资源的高效开发需要建立一个综合性的方向，这种发现为人类带来的力量和活动范围越大，当前的不良管理所造成的浪费和危害便越大。金融和财政方案也成为全世界关注的问题，并且只有在世界范围上才能得到有效的解决。传染病、人口的增长与迁移也被看作是全球性的问题。人类活动的力量和范围变大的同时，战争的毁灭性和混乱性也在变大，同时也使国家之间和民族之间的纠纷变得更难解决。这些问题的解决需要比现存的任何政府更大规模的更全面的控制和权威。

然而解决这些问题的办法并不是通过政府的合并来建立一个全球性的超级政府。通过与现存制度的比较，人们设想出了一个全球议会，一位全人类的总统或皇帝。我们的第一反应便得出了这样的结论，然而半个世纪以来的讨论和经验让人们放弃了这个不假思索的主意。在这条道路上，世界统一的阻力过于强大。人们的思绪渐渐指向了成立由各国政府授权的特殊的委员会或组织，用以解决自然资源的开发与浪费问题、劳动条件的平等化、世界和平、货币、人口和健康等问题。

各国人民也许已经发现了他们的共同利益正在被当作一个整体来对待，但却未能意识到世界政府的存在。然而即使在各国尚未达成统一、全球化的趋势尚未超越爱国主义的猜忌时，有必要令普通人认同人类统一的理念，"四海之内皆兄弟"的观点应该得到广泛的传播和理解。

在长达几个世纪的时间里，一些世界性的宗教努力维持和发展"世界大同"的理念，然而部落性的、国家性的和种族性的摩擦导致的仇恨、愤怒和不信任感至今仍阻碍着这一理想的实现。"四海之内皆兄弟"的观念正在努力深入人心，正如在混乱无序的6、7世纪，基督教王国的观念努力深入欧洲人的内心世界。这些观念的传播和胜利是众多平凡的传教士无私奉献的结果，现代的作者无法想象这些工作的深度以及可能带来的收获。

社会和经济问题似乎与国际问题密不可分。它们的解决都需要能够感染和鼓舞人心的奉献精神。国家的猜疑、矛盾和自负与工厂主和工人在面对集体利益时的猜疑、矛盾和自负相互影响。个人的占有欲的扩大与国家和君主的贪婪相似，都是同样的本能倾向、无知和传统的产物。国际主义是国家间的社会主义。任何一个思考过这些问题的人都会意识到现存的心理学和教育方法的深度和强度不足以真正解决这些人类交流与合作的谜题。正如1820年的人们无法规划出电气化的铁路系统，我们也无法为当今世界规划出真正有效的和平组织，然而我们知道有效的解决方案已经唾手可及了。

没有人能超越自身知识范围的限制，没有哪种思想能超越时代的限制，我们猜不到也无法预言人类还要经历多少次战乱、浪费、不安和痛苦才能迎来世界和平的曙光，彻底改变无意义的生活。我们所提出的解决方案仍然十分模糊和原始，并受到激情和怀疑的影响。知识重建的任务正在进行之中，还没有完成，我们的构想愈发清晰明确——尽管我们很难知道这种变化的速度是快是慢。不过，随着这些构想的逐渐清晰化，它们将对人们的思维和想象力产生影响。它们现在的无力是由于缺少确定性。它们受到误解是因为它们的数量多而杂乱。然而拥有了准确度和确定性的新视野将取得压倒性的力量。它可以很快获得力量。在人们获得了更清晰的理解之后，教育的重建自然将接踵而至。

60. 美国的扩张

　　北美洲最快从交通运输的新发明中获得令人惊叹的成果。北美在政治领域所取得的成就是美国的独立和美国《宪法》的颁布，以及18世纪中期的自由主义思想。美国废除了国家教会和君主制，取消了贵族头衔，努力保护私有制并将其视为实现自由的方式，并且，每个成年男性公民都拥有选举权——尽管早期这一权利在各个州落实的情况不同。这时的选举方式仍然十分原始，这导致了政治生活迅速被高度发达的政党机器所控制，然而这未能阻止刚得到解放的美国人民发展出比同时代其他民族更加具有活力、进取心和集体意识的民族精神。

　　交通运输的飞速发展早已引起了我们的注意。这时，美国终于也感受到了促使自身崛起的交通提速。美国一直把铁路、蒸汽船、电报等视作自身发展的一部分。然而它们并不是自然形成的。这些事物的及时出现恰好促进了美国的统一。如今的美国首先归功于蒸汽船在河运中的应用，其次是铁路的普及。没有这两种交通方式，像今天的美国这般庞大的国家不可能存在于世。人口的西迁将变得十分缓慢。人们或许永远无法穿越中部的广阔平原。从海岸到密苏里河的人口迁移耗费了接近两百年的时间，这段距离甚至不到美洲大陆的一半。1821年，在蒸汽船的帮助下，密苏里州建立了，这是美国人在密苏里河对岸建立的第一个州。之后经过了几十年的努力，人们最终抵达了太平洋。

如果能在电影院的屏幕上放映从1600年起每年的北美洲地图，用一个小圆点代表100人，用星星代表拥有10万人口的城市，那一定十分有趣。

在之后的200年里，读者会看到圆点沿着海岸线地区与河流缓缓移动到印第安纳、肯塔基等地。随后在1810年左右将迎来一次变化。河流沿岸的城市变得更加热闹了。圆点增多并扩散。这种变化是蒸汽船导致的。作为先驱者的圆点将从河流主干道的部分起点迅速转移到堪萨斯河内布拉斯加。

从1830年起，代表铁路的黑线在地图上出现了，小圆点的移动速度从此大幅提升。圆点的出现变得异常迅速，就像用喷雾器洒在屏幕上似的。一些地区忽然出现了代表10万人口的城市的星星。起初只有一两颗，随后大量出现——在错综复杂的铁路网中它们形成了一个个节点。

美国的发展是史无前例的，这是一种全新的体验。这样的国家在过去不可能产生，即使产生了，没有铁路的辅助，也将迅速瓦解。如果没有铁路和电报，从北京管理加利福尼亚要比从华盛顿更容易。美国这个拥有庞大人口的国家不仅得到了巨大的发展，还始终保持了统一，甚至变得更具有凝聚力。如今的旧金山人和纽约人比一个世纪前的弗吉尼亚人和新英格兰人的差异更小了。同化作用毫无阻碍地进行着。在铁路和电报的交织下，美国正在变成一个巨大的统一体，并在语言、思想和行为上变得越来越和谐。很快，航空技术的出现将进一步促进同化的进程。

美国是一个崭新的国家。历史上曾经出现过人口超过一亿的庞大帝国，然而这些人口是由不同民族混杂而成的，由一个民族构成的如此庞大的国家是前所未有的。我们把美国与法国、荷兰都称为"国家"，然而它们之间就像汽车与马车一样存在着天壤之别。它们是不同时期不同背景下的产物，注定将拥有不同的发展速度和发展方式。美国在规模和潜力上处于欧洲各国的统一体和世界联邦之间。

然而，在通往荣耀与和平的道路上，美国人民经历了一段剧烈冲突的时期。蒸汽船、铁路、电报及相关设施的发明未能及时避免南方和北方各州之间愈演愈烈的利益与思想冲突。南方有蓄奴的传统，北方却相信所有人都应是自由的。在一开始，铁路和蒸汽船加剧了南方和北方业已存在的差异和冲突。新的交通方式加强了统一，使得哪一方应当胜出的问题变得更紧迫了。妥协的可能性几乎不存在。北方的精神是自由和个人主义，而在南方的种植园里，上流阶级统治着大量的奴隶。

伴随着人口的西迁，西部各州逐渐建立，每个州被并入快速成长的美国体系之中，成为自由联邦与奴隶制国家这两种意识形态的战场。从1833年起，反奴隶制的社团不仅在抵制奴隶制的扩张，还在促使整个国家彻底废除奴隶制。得克萨斯被并入美国使得南北双方的矛盾演化成了外部冲突。得克萨斯最初是墨西哥共和国的一部分，后来由于受到蓄奴州的美国人的大规模殖民而脱离了墨西哥，于1835年独立，并于1844年并入美国。根据墨西哥的法律，奴隶制受到了禁止，而如今南方在得州建立了奴隶制。

与此同时，航海技术的发展使得大批欧洲移民涌入北方各州，使得爱荷华、威斯康辛、明尼苏达和俄勒冈等北方农庄全部达到了建州的水平，令北方在参议院和众议院中都有了领先的可能性。南方担心废奴主义运动带来的危险与北方在国会中的影响，开始讨论退出合众国。南方人开始幻想脱离北方，与墨西哥和西印度群岛合并，建立一个远至巴拿马的奴隶制国家。

1860年，亚伯拉罕·林肯当选总统，南方决定分裂合众国。南卡罗来纳州颁布了《脱离联邦法令》，开始进行战争的准备。密西西比州、佛罗里达州、阿拉巴马州、乔治亚州、路易斯安那州和得克萨斯州纷纷加入，各州在阿拉巴马的蒙哥马利召开会议，选举杰弗逊·戴维斯为"美利坚联盟国"总统，颁布了支持"黑人奴隶制"的宪法。

亚伯拉罕·林肯恰好属于典型的在独立战争后长大的一代。他的童年伴随着人口向西部迁移而充满动荡。他出生在肯塔基（1809年），小时候被带往印第安纳州，后来去了伊利诺伊州。那时候印第安纳州十分荒凉，生活充满艰辛，林肯住在野外的一间小木屋里，由于家境贫寒，他没能接受正规的教育，但他的母亲很早便教他识字，使他得以博览群书。17岁时他成为擅长摔跤和跑步的运动健将。他曾在商店里担任店员，然后和酒鬼搭档一起经营商店，并欠下了15年尚未还清的债。1834年，年仅25岁的林肯被选为伊利诺伊州的众议院代表。奴隶制的问题在伊利诺伊州达到了白炽化，因为国会中支持奴隶制的党派领袖是伊利诺伊州参议员道格拉斯。道格拉斯拥有很高的能力和威望，林肯通过演讲和宣传册来反对他，逐渐成为最强大的反对者，并最终战胜了道格拉斯。二人冲突最激烈的时候是1860年的总统选举，1861年3月4日，林肯被任命为总统，这时的南方各州已经相继脱离了位于华盛顿的联邦政府的统治，并发起了战争。

美国内战中，双方的军队是临时拼凑而成的，从几千人逐渐增加到数十万人——最终联邦军队士兵人数超过了100万。战场横跨新墨西哥和东部沿海，华盛顿和里士满是主要的战略目标。在田纳西、弗吉尼亚和密西西比的山林间展开的史诗般的战斗已经超越了本书的范围。战争造成了大量的牺牲。进攻伴随着反击，希望被消沉所取代，即使一度重新燃起希望，又将再次被失望所取代。有时华盛顿仿佛落入了南方同盟军手中，下一刻联邦军队便向里士满进军。南方同盟军在人数和资源上都占劣势，但它们拥有名将李将军的指挥。联邦军的指挥层比较薄弱。将军换了一位又一位，最终在谢尔曼和格兰特的带领下战胜了消耗殆尽的同盟军。1864年10月，谢尔曼率领一支联邦军队突破了同盟军左翼，从田纳西州沿着乔治亚州穿越同盟的阵地抵达海岸线，随后在卡罗来纳州掉头直击同盟军的后方。与此同时，格兰特在里士满牵制了李将军，直到谢尔曼在同盟后方形成夹击。1865年4月9日，李将军率领的部军在阿波马托克斯郡府投降，其他部军在一个月内相继投降，同盟军彻底战败。

这场长达四年的内战使美国人民身心俱疲。各州自治的原则深入人心，而北方联军似乎在强迫南方各州废除奴隶制。在南方和北方交界处的各州，兄弟甚至父子可能会加入不同的阵营。北方认为自己在为正义的事业而战，然而对很多人而言这种正义是受到怀疑的。林肯却没有丝毫怀疑。他能在混乱之中保持理智。他为统一而战，为了美国的和平而战。他反对奴隶制，然而他把奴隶制视为次要问题，他的主要目标是阻止美国被分裂为相互对立的两部分。

在战争的初期阶段，国会和联邦将军们展开了一场突然的解放运动，林肯提出了反对并压制了他们的热情。他认为解放应该分阶段来实现，并且应当伴随补偿。直到1865年1月，时机终于成熟，国会颁布宪法修正案，废除了奴隶制，在修正案被批准之前战争已经结束了。

在1862年和1863年，战争持续进行着，最初的激情逐渐消退，美国饱受战争的摧残。总统的背后是悲观主义者、叛徒、卸任的将军、狡猾的政客和对政府失去信任的疲惫的民众，在他面前则是无能的将军率领的士气消沉的部队，他最大的安慰便是里士满的杰弗逊·戴维斯并不比他好过。英国政府允许在英国的同盟代表驾驶三艘武装民船——其中最有名的是"阿拉巴马号"——在海上追逐美国船只。墨西哥的法国军队把"门罗主义"踩在脚下。里士满的南方同盟向北方联邦提出暂时休战，联合对抗位于墨西哥的法国军队的提议。然而林肯表示除非美国统一，否则不接受这个提议。美国人只能以统一的形式而不是以一分为二的状态对外作战。

经过漫长而无谓的努力，林肯毫不动摇地带领美国走过了分裂与怯懦的黑暗时期。有时候他也无能为力地坐在白宫里，沉默不言，一动不动，仿佛是一尊坚定的雕像。有时候他也会放松地开开玩笑。

他见证了合众国的统一。在南方投降后的第二天，林肯来到了里士满，听到了李将军的投降声明。他回到了华盛顿，在4月11日发表了最后一次公开演讲。演讲的主题是与战败各州政府的和解和战败各州的重建。在4月14日晚上他莅临了华盛顿的福特剧院，在欣赏演出的过程中，一名对他心怀怨恨的演员布斯悄悄潜入了他的包厢，开枪击中了他的后脑。然而林肯的任务已经完成了，美利坚合众国得到了拯救。

在战争的初始阶段，太平洋沿岸还没有铁路交通；战后，铁路像生机勃勃的植物一般迅速蔓延：如今，铁路已经把美国编织为在精神和物质上都不可分割的整体，美国成为当时最伟大的国家——直到中国的平民学会了识字。

61. 德国在欧洲的崛起

我们已经讲述了在法国大革命和拿破仑的征服之后，欧洲暂时恢复了稳定，50年前的政治局势得以在当代复兴。直到19世纪中叶，炼钢业、铁路和蒸汽船的应用并没有产生显著的政治影响。然而现代工业化进程却激化了社会矛盾。1830年和1848年相继爆发了革命，拿破仑·波拿巴的侄子拿破仑三世成为第一总统，随后（1852年）成为皇帝。

他着手重建巴黎，他把巴黎从17世纪的脏乱的城市变成了如今由大理石雕琢而成的拉丁风格的宽敞都市。他着手重建法国，他把法国变成了现代化的辉煌帝国。他显示出了恢复17世纪和18世纪欧洲战乱时期盛行的列强主义的倾向。俄国沙皇尼古拉斯一世（1825—1856年）也显露出了野心，开始南下进犯土耳其帝国，意图占领君士坦丁堡。

世纪交接之后，欧洲爆发了一系列新的战争。它们主要是权力的争夺战。英国、法国和撒丁岛在克里米亚战争中为了保护土耳其与俄罗斯交战。普鲁士（与意大利结成同盟）和奥地利争夺德意志的统治权，法国从奥地利手中解放了意大利北部，却因此失去了萨沃伊，意大利逐渐统一为一个王国。随后，听信谗言的拿破仑三世在美国内战期间对墨西哥采取行动，他在那里扶持了一个傀儡皇帝马克西米兰，又在美利坚政府获胜后将其抛弃，马克西米兰被墨西哥人杀死。

1870年，在长期的僵持之后，法国和普鲁士终于开始争夺在欧洲的统治地位。普鲁士为这场战争做了充分的准备，法国却受到了财政腐败的拖累而惨败。德国在8月进攻法国，法国皇帝率领的一支大军于9月在赛丹投降，另一支法国部队于10月在梅茨投降，1871年1月，经历了包围和轰炸的巴黎最终落入了德国人的手中。德国和法国在法兰克福签订合约，阿尔萨斯和洛林被割让给了德国。奥地利之外的德意志成为统一的帝国，普鲁士国王作为德意志皇帝被载入欧洲君王名册。

在接下来的43年里，德国是欧洲的主导势力。1877年至1878年俄罗斯和土耳其爆发了战争，随后，在30年的时间里，除了巴尔干半岛上的一些纠纷，欧洲边境维持着不易的稳定。

$62.$ 新的海外帝国

18世纪末期，帝国的扩张受到了阻碍。英国和西班牙与它们在美洲的殖民地之间的路程漫长而又艰辛，使得宗主国和附属国之间无法保持自由往来，因此殖民地演变为独立的新国家，并发展出了独特的思想、利益甚至语言模式。随着殖民地国家的成长，与宗主国之间不稳定的交通方式变得愈发难以忍受。法国在加拿大建立的野外贸易站，以及英国在印度建立的贸易中心等也许会紧紧依附于为它们提供支持和存在意义的宗主国。在19世纪早期，很多思想家认为这便是海外殖民的极限了。欧洲在海外建立的伟大的殖民地"帝国"在18世纪中期曾是地图上最显眼的存在，到了1820年，它们已经大幅缩减。只有俄罗斯扩张到了整个亚洲。

1815年的大英帝国包括加拿大沿海人烟稀少的河湖地带、内陆的大片荒野（其中唯一的定居点是哈德逊湾公司的皮毛贸易站）、受东印度公司控制的1/3的印第安半岛、居住着黑人和拥有反叛精神的荷兰定居者的好望角沿海地区、西非的一些贸易站、直布罗陀暗礁、马耳他岛、牙买加、西印度群岛的几个蓄奴地、南美洲的英属圭亚那以及在世界另一侧的澳大利亚植物湾和塔斯马尼亚的罪犯流放地。西班牙拥有古巴和菲律宾群岛的一些定居点。葡萄牙在非洲有一些古老的据点。荷兰占领了东印度群岛的一些岛屿和荷属圭亚那。丹麦占据了西印度群岛的一两座岛屿。法国拥有西印度群岛的一两座岛屿和法属圭亚那。这些殖民地似乎便是欧洲势力所能占领的极限了，对它们而言这已足够。只有东印度公司仍显露出了扩张的野心。

当欧洲正处于拿破仑战争中时，总督管理的东印度公司正在印度扮演着类似于土库曼人等北方侵略者的角色。在《维也纳合约》签订之后，东印度公司继续进行扩张，谋求利润，发动战争，向亚洲各国派遣大使，几乎像一个独立的国家，坚定地向西方输送财富。

在这里，我们无法具体描述这家英国公司如何一步步登上权力的顶峰，有时与这股势力联手，有时加入另一方阵营，最终征服世界的过程。它的力量扩散到阿萨姆邦、信德和奥德。印度的轮廓开始成为今天的英国学生们熟悉的样子，本土的各州被英国直属的外省包围着。

1859年，伴随着印度当地军队的严重叛变，东印度公司建立的帝国归属于大英帝国。随着《改善印度政府法令》的颁布，总督代表王室管理印度，东印度公司的位置被一位对英国国会负责的国务大臣所取代。1877年，比肯斯菲尔德勋爵完成了权力交接，维多利亚女王成为印度女皇。

印度和英国被这些条款联系在一起。印度仍然是大莫卧儿帝国，然而大莫卧儿却被"君主共和制"的大不列颠所取代。印度实行着没有独裁者的独裁制度，它的统治制度融合了君主集权制的缺点和民主党官僚的冷漠与不负责任。心怀不满的印度人无法向君王上诉，印度皇帝只是一个符号，他只能向英国传递文书或者在英国众议院提出问题。国会越是关注于英国本土事务，印度获得的关注就越少，并且越容易受到一小群高级官员的摧残。

在铁路和蒸汽轮船普及之前，除了印度之外，欧洲并没有进行其他扩张。英国的一支重要的政治学派认为海外殖民地会成为英国的弱点。在1842年珍贵的铜矿被发掘之前，澳大利亚的定居地发展缓慢，1851年金矿的发现赋予了这里崭新的重要性。交通的改善也促进了澳大利亚羊毛在欧洲市场的流通。加拿大在1849年之前陷入了法国和英国定居地之间的纠纷中，也没有取得显著的进步。加拿大爆发了几场严重的叛乱，直到1867年新的宪法确立了加拿大联邦，才缓和了紧张的国内局势。铁路改变了加拿大的前景，就像铁路曾改变美国一样，使加拿大得以向西部扩张，把玉米和其他作物卖往欧洲，并使加拿大在快速发展的同时得以保持语言、情感和利益上的统一。铁路、蒸汽轮船和电报正在改变殖民地发展的所有环境。

在1840年之前，英国人已经在新西兰定居，并成立了新西兰土地公司，对这座岛进行开发。1840年，新西兰也成为英国的殖民地。

我们注意到，加拿大是第一个对新的交通方式带来的经济上的新的可能性做出迅速反应的英国殖民地。南美洲的各个共和国，尤其是阿根廷共和国，开始在奶牛贸易和咖啡种植中感受到与欧洲市场的紧密联系。迄今为止，吸引欧洲各国探索荒无人烟的未开化地区的主要商品是黄金等金属、香料、象牙和奴隶。然而在19世纪下半叶，人口的增长迫使欧洲各国政府在海外寻找主食，科学和工业化的发展也创造了对新的原材料、各类油脂、橡胶和其他被忽略的物质的需求。显而易见的是，大不列颠、荷兰和葡萄牙通过对热带和亚热带产品的控制收获了大量寺持续增长的商业利益。1871年后，德国、法国和意大利相继开始寻找尚未被兼并的原材料产地和有利可图的东方国家。

一场新的殖民浪潮兴起了，只有美洲受到"门罗主义"的保护而幸免于难。

离欧洲不远的非洲大陆充满了未知的可能性。1850年，这里是一片神秘的黑色土地，人们只探索过埃及和沿海地区。出于篇幅限制，我们无法讲述最早的探险家们穿越非洲黑暗的精彩故事，以及紧随其后的特工、管理者、商人、移民和科学家们的故事。奇珍异兽，奇花异果，离奇怪病，深山密林，江河湖海，一片崭新世界。人们甚至（在津巴布韦）发现了早期民族在南下过程中留下的未知文明的遗迹。来到这片新世界的欧洲人从贩卖奴隶的阿拉伯商人手中获得了步枪，黑人的生活陷入了水深火热之中。

到了1900年，在半个世纪里，非洲被测绘、探索、评估和瓜分。在争夺之中，没有人在乎当地人的利益。阿拉伯奴隶主们没有被驱逐，而是受到了约束。贪婪的奴隶主们强迫比属刚果的当地人民采集橡胶，这种贪婪被毫无经验的欧洲管理者们进一步放大，并引发了可怕的暴行。在这件事中，没有一个欧洲国家是彻底清白的。

我们不能讲述大不列颠于1883年占领埃及的细节，尽管当时埃及仍是土耳其帝国的一部分；也不能讲述1898年马尔尚上校从西海岸穿越中非抵达法绍达企图与领尼罗河上游这一事件如何差点引发了法国和英国之间的战争。

我们不能讲述英国政府如何在一开始允许奥伦治河地区和德兰士瓦的荷兰定居者——波尔人在南非内陆建立独立的共和国，随后又反悔并于1877年吞并了德兰士瓦共和国，也不能讲述德兰士瓦的波尔人如何为了自由而战并在马尤巴山战役（1881年）后取得胜利。马尤巴山战役受到了媒体的持续宣传，英国人的伤口被一次次揭开。1899年，英国对两个共和国宣战，虽然长达3年的战争最终以共和国的投降而告终，连年征战也给英国人造成了巨大的代价。

　　英国的镇压是短暂的。1907年，帝国政府垮台后，自由党人接管了南非问题，这两个从前的共和国重获自由，并自愿联合开普殖民地和纳塔尔建立了隶属于英国王室的南非联盟，南非所有国家形成了一个自治的共和国。

　　非洲在25年里被瓜分了，只剩下3个小国：西海岸被解放的黑奴的定居地利比里亚，穆斯林苏丹统治下的摩洛哥，以及一个未开化的国家阿比西尼亚，该国信仰一种古老的基督教派别，并在1896年的阿杜瓦战役中击退了意大利，成功保持了独立。

63. 日本的崛起

　　很难相信人们会普遍接受欧洲对非洲的殖民，然而历史学家的职责便是记录事实。19世纪的欧洲人的思想中只有一个肤浅的历史背景，没有深度批判的习惯。在连蒙古征服这样的事件都不了解的人们的眼中，西方的机械革命所带来的临时性的优势便能确保欧洲人永远领先于世界。他们丝毫没有意识到科学技术及其成果是可以转移的。他们没有意识到中国人和印度人能像法国人和英国人那样进行科学研究。他们相信西方存在着与生俱来的对智慧的追求，东方则存在着与生俱来的懒惰和保守，这确保了欧洲人能够永远支配世界。

　　这种想法带来的结果便是很多欧洲外交部不仅与英国联手探索世界上的未开发地区，还觊觎着繁荣昌盛的亚洲国家，仿佛这里的人民也只是供人剥削的原材料而已。外强中干的大英帝国统治阶级在印度的横行霸道与荷兰在东印度群岛攫取的大量利益让其他欧洲列强幻想在波斯、分裂中的奥斯曼帝国、印度边陲、中国和日本取得同样的辉煌。

1898年，德国占领了中国胶州。见此情形，英国占领了威海卫，第二年俄罗斯占领了旅顺港。中国人民燃起了对欧洲列强的仇恨。欧洲人和基督教信徒遭到了屠杀，1900年，北京的欧洲使馆遭到了围攻。欧洲各国派出联军对北京进行了报复，化解了使馆的危机，偷走了大量珍贵的财产。俄罗斯占领了满洲。1904年，英国进攻西藏。

　　这时，在列强之间兴起了一股新的力量，那就是日本。日本迄今为止在历史中扮演着很小的角色，它的封闭的文化对人类的历史进程没有做出很大的贡献，日本得到了很多，给予的回报却很少。日本人属于蒙古利亚人种。他们的文化、语言文字和艺术传统都来源于中国。日本拥有精彩浪漫的历史，在公元早期便发展出了封建制度和武士道精神。日本与朝鲜和中国的战争就像英国和法国之间的战争一样。日本在16世纪时首次与欧洲接触，1542年葡萄牙人乘坐中国帆船抵达日本，1549年一名耶稣会传教士弗朗西斯·泽维尔开始在日本传教。日本曾经在一段时间内与欧洲保持着友好往来，并且很多日本人皈依了基督教。威廉·亚当斯成为最受日本人信任的欧洲顾问，他教给日本人如何建造大型船只。日本人建造的船抵达过印度和秘鲁。后来，西班牙多米尼加教派、葡萄牙的耶稣会、英国与荷兰的新教之间爆发了复杂的争执，每个教派都警告日本人要小心其他教派的政治阴谋。最终，日本人得出结论：欧洲人都是令人厌恶的，西班牙已经占领了菲律宾群岛，基督教只是教皇和西班牙国王用来遮掩政治野心的帷幔。基督教徒遭到了迫害，1638年，日本开始了长达200年的闭关锁国。在这两个世纪里，日本切断了与世界的联系，仿佛生活在另一个星球上似的。政府禁止制造任何比近海船更大的船只。日本人无法前往海外，欧洲人也无法进入日本。

在两个世纪里，日本一直处于历史的潮流之外。日本的封建制度规定了约占人口1/5的武士和贵族家庭不受约束地统治着其他人民大众。与此同时，外部世界继续发展着，新的势力逐渐崛起。经常有奇异的大船驶过日本沿海，有时候船只遇难，水手被救上岸。荷兰人在出岛上的定居地是日本与外界唯一的联系，日本没能跟上西方世界的步伐。1837年，一艘挂着星条旗的船只驶入了江户湾，船上接纳了一些漂泊在太平洋上的日本水手。这艘船被大炮赶走了。后来星条旗出现在了其他船上。1849年，美国要求释放18名遇难的美国水手。1853年，美国海军准将佩里率领四艘战舰抵达日本并拒绝离开。他在禁区中停泊，并给当时联合统治日本的两名统治者传达了消息。1854年，他率领10艘装备着大炮的蒸汽船返回日本，提出建立贸易与交流关系，日本没有力量拒绝。他带领500人的警卫队签署了协议。民众不可思议地看着这些外国来客走过街道。

俄罗斯、荷兰和英国紧跟美国的脚步。掌管下关港的一个日本贵族对外国船只开火，遭到了英、法、荷、美舰队的轰炸。最终，在京都停泊的一支联盟中队（1865年）批准了协议的实施，日本向世界敞开了大门。

上述一系列事件给日本人造成了极大的羞辱。他们凭借惊人的聪明才智和进取精神把自己的文化和社会组织提升到了欧洲列强的水平。日本取得的进步是史无前例的。1866年，日本的发展水平仍处于中世纪时期，是极端封建专制的典型。1899年，日本人已经彻底被西化，达到了大部分欧洲强国的水准。日本彻底推翻了亚洲注定落后于欧洲的印象，甚至令欧洲的进步相形见绌。

我们无法详细讲述1894—1895年的中日战争。日本西化的程度在这场战争中展现出来。日本拥有一支高效的西式军队和一支小巧精悍的舰队。尽管英国和美国已经把日本当作欧洲国家来看待，其他企图在亚洲扩张势力范围的列强并没有理解日本复兴的意义。俄罗斯正从满洲向朝鲜进军。法国已经向南扩张到了东京和安南。德国则贪婪地寻找着定居地。这三个国家联合起来共同阻止日本从与中国的战争中获取任何成果。日本已疲惫不堪，并且面临着与列强们开战的威胁。

日本曾一度屈服并开始蓄积军队力量。在10年里，日本做好了与俄罗斯交战的准备，这标志着亚洲历史的新纪元和欧洲霸权的终结。在这场日本制造的麻烦之中，俄罗斯人民当然是无辜的，聪明的俄罗斯政治家们也反对这种愚蠢的战争，然而一群金融冒险家，包括大公和他的堂兄弟们包围了沙皇。他们在对满洲和中国的劫掠上投入了大量资金，已经没有退路了。因此大批日本士兵漂洋过海，来到了旅顺港和朝鲜，无数俄罗斯农民沿着西伯利亚的铁路被送往遥远的战场并白白送命。

由于指挥失误和缺乏补给，俄国人在海上和陆地战场上都遭遇了打击。俄国的波罗的海舰队绕过非洲，在对马海峡全军覆没。对发生在异国他乡的无意义的杀戮感到愤怒的俄国民众爆发了一场革命运动，迫使沙皇结束了战争（1905年）。沙皇归还了自1875年便落入俄国人手中的库页岛南部的主权，从满洲撤离，把朝鲜半岛割让给了日本。欧洲对亚洲的侵略即将结束，欧洲的海外势力开始缩减。

$64.$ 1914年的大英帝国

我们应当注意1914年由蒸汽船和铁路建立起来的大英帝国的多样化的特质。这种特质至今仍是一种前所未有的独特的政治复合体。

这一体系的首要核心便是（违背了大部分爱尔兰人民的意愿）包含爱尔兰的不列颠联合王国的"君主共和制"。英国议会主要由英格兰、威尔士、苏格兰和爱尔兰的三个联合议会组成，议会主要依据英国国内政治形势来决定领导权与部门的职能和政策。这一部门便是最高政府机构，拥有发动战争的权力，统治着整个大英帝国。

在政治重要性上位居笫二的是澳大利亚、加拿大、纽芬兰（1583年起便是最古老的英国属地）、新西兰和南非的"君主制共和国"，它们都是英国的同盟，实际上保持着独立与自治权，但每个国家都有英国政府委派的一名皇室代表。

接下来是印度帝国，它是一莫卧儿帝国的延伸，印度帝国的"受保护的"独立州从俾路支省一直延伸到缅甸，包括亚丁。在印度帝国里，英国王室和（议会掌控下的）印度政府扮演着土库曼王朝的角色。

然后是对埃及的模棱两可的控制。埃及在名义上仍是土耳其帝国的一部分，并保留了自己的统治者——埃及总督，然而却受到英国的严格的专制统治。

然后是更加模棱两可的"英埃"苏丹省，它受到英国和（受英国控制的）埃及政府的联合占领与管理。

然后是一些半自治的地区，一些原本就隶属于英国，另一些则不是，拥有选举产生的立法机构和任命的行政机构，例如马耳他、牙买加、巴哈马群岛和百慕大群岛。

然后是英国殖民地，英国本土政府（通过殖民地政府）在这些地区的统治接近于独裁，例如锡兰、特立尼达拉岛和斐济（英国在那里任命了委员会），直布罗陀和圣赫勒拿（英国委派了一名总督）。

然后是热带地区的初级产品产地，这些地区的政治影响力微弱，当地社群的文明程度较低，在名义上是受保护的地区，要么受到一名长官治下的当地酋长的管理（例如在巴苏陀兰），要么受到一家特许公司的管理（例如在罗德西亚）。有些情况下是外交部，有些情况下是殖民地办事处，有些情况下是印度政府负责在这个最不明确的层次上征收财产，然而大多数情况下殖民地办事处对此负责。

显然，没有一个政府或个人能从整体上来理解大英帝国。它是与以往的帝国完全不同的成长与兼并的混合物。它保障了广泛的和平与安全，这就是尽管存在着暴政、不足之处以及本土公众的忽略，它仍然能被"属民们"容忍的原因。大英帝国和雅典帝国一样是建立在海上的帝国，英国海军是帝国的共同纽带。像所有帝国一样，大英帝国的凝聚力依赖于物理上的沟通手段。16世纪至17世纪的航海业、蒸汽船和造船业的发展为"英国强权下的和平"提供了条件，而航空和陆地交通的发展却随时可能破坏这种和平。

65. 第一次世界大战

　　物质科学的进步创造了由蒸汽船和铁路连接起来的美利坚合众国，并让岌岌可危的大英帝国的战舰驶向全世界，科学进步对拥挤的欧洲大陆产生了其他影响。他们发现自己被限制在马车与公路时期的人类生活的界限之内，他们的海外扩张基本在英国的意料之中。只有俄罗斯拥有向东方扩张的自由，俄国建造了横贯西伯利亚的铁路，后来因与日本产生冲突，俄国转而骚扰东南方的波斯和印度边境，这引起了英国的不满。其他欧洲列强正处于人口剧烈增长的时期。为了彻底实现人类的新生活的可能性，它们必须在更广泛的基础上重建秩序，要么通过自愿的联合，要么通过强迫的联合。现代思想更倾向于前者，然而政治传统促使欧洲选择了后者。

　　拿破仑三世的"帝国"的垮台和新的德意志帝国的建立使人们期望或恐惧着统一于德国之下的欧洲。在36年的动荡的和平时期，欧洲的政治围绕着这一可能性而展开。法国自查理曼帝国分离后便开始与德国竞争在欧洲的支配地位，法国决定通过与俄罗斯联盟来弥补自身的不足，德国则与奥地利帝国（它从拿破仑一世时期便不再是神圣罗马帝国了）建立了密切的联系，并试图与新成立的意大利王国结盟，却未能成功。起初，英国像往常一样只参与了一半的欧洲大陆事务。然而，由于德国海军的壮大，英国被迫逐渐与法俄建立密切联系。威廉二世（1888—1918年）的野心把德国推向了不成熟的海外扩张，最终把英国、日本和美国都变成了它的敌人。

这些国家开始了全面武装。每一年，枪支、装备、战舰等的产量都在增加。每一年，战争的脚步都在接近，随后又得到了回避。最终，战争终于爆发了。德国和奥地利对法国、俄罗斯和塞尔维亚发起进攻，德国军队正在穿越比利时，英国迅速带领同盟的日本加入了比利时的一方，很快，土耳其站在了德国这边。意大利于1915年加入了对抗奥地利的阵营，同年10月保加利亚加入了同盟国。1916年罗马尼亚被迫加入战场对亢德国，美国和中国也于1917年加入。界定这场灾难的确切责任方不在本书的范围之内。更有趣的问题不是第一次世界大战为何爆发，而是为何我们没能预料并阻止它的爆发。比起少数人积极煽动了战争的爆发，更严重的是数百万人由于"爱国"、愚蠢或冷漠而未能实现欧洲的统一和阻止灾难的发生。

我们不可能追溯出战争的复杂细节。在几个月之内人们便清楚地看到了现代科技的进步已经显著地改变了战争的本质。物理学带来了超越钢铁、距离和疾病的力量，至于这股力量被用来行善还是作恶则取决于全世界的道德和政治智慧。受到过时的仇恨与怀疑政策影响的欧洲政府发现自己掌握了前所未有的毁灭与反抗的力量。战争成为吞噬全世界的业火，给战胜国和战败国都带来了巨大的损失。在战争的第一阶段，德国大举进攻巴黎，俄罗斯对东普鲁士发动了攻击。两次袭击都发生了逆转。随后，防御力量得到了发展，战壕战迅速普及，一时间，双方的军队隐匿于横跨欧洲的战壕里，任何前进必将导致重大损失。在数百万大军的背后，全体国民被动员起来为前线提供食物和弹药。除了军备，几乎所有生产活动都停滞了。所有身体健全的适龄男子都被编入陆军或海军，或者进入了为前线服务的临时工厂。大批女性代替男性从事工业生产。欧洲被卷入战争的各国中大约有超过一半的人口在这次大战中改变了职业。他们被连根拔起，移栽到新的社会角色中去。教育和正常的科研工作受到了限制，或者转向了直接的军事目的，新闻的传播受到了军事管制和政治宣传的腐化。

军事僵持的阶段慢慢演变为通过切断食物补给和空中打击从敌人后方突破的战略阶段。此外，战争中使用的枪械的尺寸和射程都得到了稳步提升，毒气瓦斯弹等装置和坦克这样的小型移动堡垒也被投入战场，从而突破了战壕中的部队的防线。在所有新式作战手段中，空袭是最具革命性的。它把战场的维度从二维变成了三维。迄今为止的战争都是发生在两军交锋之处。如今，任何地方都能展开战斗。先是齐柏林飞艇，然后是轰炸机，它们把战争从前线带到了不断扩大的平民活动区域。过去的战争中平民与战斗人员之间的分隔消失了。农民、裁缝、伐木工、建筑工人、火车站和仓库都有可能成为军事袭击的对象。在这场战争中，空袭的范围和恐怖程度与日俱增。最终，欧洲的大部分地区都处于包围之中，每晚都会遭遇袭击。像伦敦和巴黎这样暴露在敌人袭击范围内的城市在炸弹的爆炸声、防空炮的发射声、引擎和救护车的轰鸣中度过了一个又一个不眠之夜。战争对老年人和青少年的身心健康的损害尤其严重。

战争总是伴随着瘟疫，1918年第一次世界大战结束时，瘟疫降临了。医学在四年里推迟了一般的传染病的爆发，随后一场严重的流感夺走了全球数百万人的生命。饥荒也被推迟了一段时间。到了1918年初，欧洲大部分地区处于慢性的饥荒之中。由于大批农民被送上前线，全球的粮食产量大幅减少，这些粮食的分配也受到了潜水艇的阻碍，由于前线的封锁和全球交通系统的混乱，食物的运输路线受到破坏。各国政府控制了日益缩减的食物，并在不同程度上成功进行了食物配给。到了战争的第四年，不仅食物短缺，全世界都面临着衣服、住房和日用品的供给不足。商业和经济尤其混乱。每个人都忧心忡忡，大多数人过着拮据的生活。

战争实际结束于1918年11月。在1918年德国最后一次背水之战后，同盟国瓦解了。它们的士气和资源都已消耗殆尽。

66. 俄国的革命与饥荒

在德国及其同盟国垮台的一年前甚至更久之前，自称是拜占庭帝国的延续的半东方的俄罗斯的君主专制制度已经瓦解了。沙皇的独裁统治在战争前就已经显露出了严重腐败的痕迹，宗教骗子拉斯普京控制了宫廷，公共管理、民事和国防都处于极端低效和腐败的状态。战争刚打响时，俄国掀起了一股爱国主义的热情。大批人民应征入伍，然而却没有充足的武器装备和英明的将领，这支大军就在缺乏补给、管理不善的情况下被送往德国和奥地利前线。

毫无疑问，1914年9月，很早便出现在了东普鲁士的俄国军队将德国的注意力从对巴黎的第一次胜利进军中转移开来。成千上万的俄罗斯农民的苦难与牺牲使法国避免了在战争初期的关键战役中一败涂地，整个欧洲都要感谢这个伟大而悲剧性的民族。然而，战争的压力对于这个组织混乱的庞大帝国而言过于沉重。普通的俄国士兵在战场上得不到武器装备的补给，甚至连步枪子弹都没有，他们成为长官和将军们的军国主义妄想的牺牲品。他们仿佛像野兽一样默默忍受着这一切，然而即使是最无知的人的忍耐力也是有限的。对沙皇统治的仇恨逐渐在这些遭到了背叛与牺牲的人们之间蔓延开来。从1915年末开始，俄国便是西方同盟国日益焦虑的根源。在1916年里，俄国主要处于防御状态，有传言称它将与德国议和。

1916年12月29日，修士拉斯普京在彼得格勒的一场晚宴中遭到了谋杀，人们终于开始尝试恢复统治秩序。到三月时已经取得了进展，彼得格勒因食物而引发的暴乱发展为革命起义，杜马国会遭到了打压，自由党领袖被捕，吕夫亲王领导的临时政府成立，沙皇退位（3月15日）。一时间，人们以为在新沙皇的统治下，温和的、可控的革命也许是可能的，随后人们发现俄国人民对统治阶级的信任已经寥寥无几，不可能接受这样的调整。俄国人民对欧洲的旧秩序、沙皇、战争和列强感到深恶痛绝，人民想迅速摆脱这种难以忍受的痛苦。同盟国不了解俄国的现实，他们在外交中忽略了俄国，有教养的人们比起俄国更关注俄国宫廷，在新形势下他们不断犯错。这些外交官对共和主义没有多少好感，显然他们倾向于尽可能地让新政府难堪。俄罗斯共和政府的首脑是一名雄辩的领袖——克伦斯基，他发现自己在国内受到"社会革命"的伟大冲击，在国外则遭遇了同盟政府的冷待。他的盟国既不允许他把土地分给渴望土地的农民，也不允许前线之外的和平。法国和英国的媒体纠缠着它们的疲惫的盟国，要求俄罗斯发起新一轮攻击，然而当德国发动了猛烈的海上进攻，并攻击了里加时，英国海军却畏惧着远征波罗的海的可能性。新成立的俄罗斯共和国不得不孤军奋战。值得注意的是，尽管俄国拥有海军优势，并且英国上将费雪勋爵（1841—1920年）提出了激烈抗议，英国及其同盟国只发动了几场潜艇攻击，令德国通过武力彻底控制了波罗的海。

然而，俄罗斯人民决定不惜一切代价结束战争。人们在彼得格勒成立一个代表苏联工人和普通士兵的组织——苏维埃，这个组织要求在斯德哥尔摩召开一次国际社会主义者会议。当时的柏林爆发了粮食暴动，奥地利与德国都深深厌倦了战争，从后来发生的事件来看，毫无疑问，这一会议将促成1917年民主路线的实现和德国革命。克伦斯基恳求他的西方盟友同意召开这次会议，但尽管英国工党的一小部分人对此表示赞同，由于担心社会主义和共和主义在全世界爆发，他们拒绝了。失去了盟友的精神支持和物质援助，"温和派"俄罗斯共和党仍然在7月发起了最后一次绝望的进攻。在取得初步的胜利之后，这场战役仍然失败了，俄国人再次遭到了屠杀。

俄国人的忍耐力达到了极限。俄国军队爆发了叛乱，北方前线尤为严重，在1917年11月7日，克伦斯基政府被推翻，列宁领导下的布尔什维克主义者掌权，他们不顾西方势力的阻挠承诺实现和平。1918年3月2日，俄罗斯和德国在布列斯特-利托夫斯克签署了单独的和平协议。

很快人们便发现布尔什维克主义者与克伦斯基时期所谓的立宪主义者和革命者有着本质上的区别。他们是狂热的马克思主义者。他们相信自己在俄罗斯的执政只是世界范围的社会革命的开端，他们带着坚定的决心着手改变社会秩序和经济秩序，却缺乏任何经验。西欧和美国政府不了解俄国的情况，也无法对这一超凡的社会实验提供指导或帮助，新闻媒体和统治阶级不顾一切对自身和俄国造成的代价诋毁、妨碍这些篡权者。全世界的新闻界肆无忌惮地进行着诋毁和中伤，布尔什维克领袖被描述为四处劫掠的血淋淋的怪兽，他们的生活之奢靡甚至令拉斯普京政权下的沙皇宫廷相形见绌。这个饱受摧残的国家遭受了畏惧布尔什维克政权的帝国的残忍的攻击，武装叛乱和侵略受到了鼓励和资助。1919年，长达5年的战争已使俄国疲惫不堪，布尔什维克政权还面临着阿尔汉格尔的英国远征军，东西伯利亚的日本侵略者，南方的罗马尼亚、法国和希腊分遣队，西伯利亚的俄罗斯海军上将高尔察克，克里米亚的法国舰队支持下的德尼肯将军。那一年的7月，爱沙尼亚军队接替了德尼肯将军的任务，对他的国家发起了进攻。1921年3月，克朗斯塔特的水手们发动了起义。列宁领导下的俄罗斯政府抵挡住了所有进攻，显示出了不屈不挠的精神，俄罗斯人民在极端困难的情况下坚定不移地渡过了难关。到1921年底时，英国和意大利已经承认了共产主义政权。

虽然布尔什维克政府成功地抵抗了外国的侵略并镇压了本土的叛乱，却未能在俄罗斯建立依托于共产主义思想的新的社会秩序。俄罗斯农民渴望占有土地，他们在思想和行为上与共产主义的差距就像鲸鱼和天空一样遥远。革命把地主的土地分给了农民，却无法强迫农民不以售卖粮食换取金钱，革命尤其破坏了金钱的价值。战争引发的铁路系统的瘫痪已经给农业生产造成了极大的破坏，如今粮食的产量只能满足农民自身的需要。人们忍饥挨饿。出于共产主义理想而进行的工业生产同样遭遇了失败。1920年，俄国产生了现代文明中的空前崩溃。铁路生锈荒废，城镇沦为废墟，大量人口死亡。然而俄国仍然要与边境的敌人作战。1921年，在战乱频发的东南各省爆发了干旱和大饥荒，数百万人饥肠辘辘。

由于俄国的灾难与可能的复苏与当前的争议性话题过于接近，在此我们不予讨论。

67. 世界的政治重建与社会重建

　　本书所讲述的历史的计划和规模不允许人类继续围绕着条约进行复杂而激烈的争端，尤其是象征着一战结束的《凡尔赛条约》。人们开始意识到，这样可怕的争端毫无意义，无法解决任何问题。它导致了了数百万人的死亡，并令全世界变得贫穷和荒芜，甚至彻底瓦解了俄罗斯。这样的争端无时无刻不在刺痛人类，提醒我们，在这个危险而无情的世界中，我们生活得愚蠢而混乱，没有太多计划或远见。把人类拖入这场悲剧的民族与帝国贪婪狂热的利己主义和狂热在这场悲剧中显露无疑，只要世界从战争的疲惫中稍有恢复，这种贪婪与狂热就极有可能促使其他类似的灾难再次发生。战争和革命无济于事；它们对人类的最大贡献便是以一种极其粗暴和痛苦的方式，摧毁过时和妨碍它们的事物。一战解除了德国帝国主义在欧洲的威胁，粉碎了俄罗斯帝国主义。它废除了一些国家的君主专制，但欧洲仍飘扬着许多王室的旗帜，边境问题仍令人恼火，大批军队仍然在增添军备。

　　凡尔赛的和平会议是一场病态的会议，它所做的不过是以战争的逻辑来解决战争带来的冲突和失败。德国人、奥地利人、土耳其人和保加利亚人被禁止发表意见；他们只能接受对他们做出的决定。而从另一个角度来说，凡尔赛会议地点的选择尤其不幸：德意志帝国恰恰是于1871年在凡尔赛宫宣布成立的，这与当时的胜利和喜悦的气氛完全背道而驰，在同一个镜子大厅里，这一幕被戏剧化地颠倒过来，形成了强烈的对比。

一战初期时的宽容态度早已耗尽，胜利国家的人民清楚地意识到本国的损失和痛苦，完全不顾战败国以同样的方式付出的代价。战争爆发是欧洲竞争民族主义和联邦对这些竞争力量没有任何调和的必然结果；战争也是独立三权民族居住在军事力量过大的狭小地区上的必要举动；如果第一次世界大战没有以现在的形式爆发，它也会以某种类似的形式爆发，就像如果没有政治统一的预见和阻挠，二三十年后它肯定会以更灾难性的规模卷土重来。发动战争的国家会自然而然地发动战争，不过这些饱受战争的国家从感情上忽视了这一事实，所有被击败的人民都被视为对战争的所有损害负有道德和物质上的责任，这与被击败的人民认为战胜国人民毫无疑问对战争负有责任不同。法国人和英国人认为德国人是罪魁祸首，德国人认为俄国人、法国人和英国人是罪魁祸首，只有少数明白人认为欧洲零碎的政治宪法需要承担责任。《凡尔赛条约》旨在成为惩罚的典范；它给战败者带来了巨大的惩罚；试图通过对已经破产的国家施加巨额债务来补偿受伤的胜利者；它试图通过建立一个北美联盟来重建国际关系，这样的反战显然是不成熟的。

目前，欧洲是否存在任何试图改善国际关系以实现永久和平的努力，这一点是值得怀疑的。国际联盟的建议是由美国的威尔逊总统提出的，它的主要支持者在美国。到目前为止，美国这个新的现代国家，除了提出保护新世界不受欧洲干涉的门罗主义之外，还没有发展出任何独特的国际关系理念。现在，人们突然要求它为当时的重大问题做出精神上的贡献，显然它无能为力。美国人民的天性是追求永久的世界和平。然而，与此相关的是对旧世界政治一直以来的强烈的不信任，以及与旧世界纠葛隔绝的习惯。美国人还没有开始思考美国解决世界问题的办法，德国人的潜艇行动就把他们拖入了反德同盟的战争。威尔逊总统的"国际联盟"计划，是为了在短时间内建立一个具有美国特色的世界计划。这是一个粗略且不充分的危险计划。然而在欧洲，它被认为是一种成熟的美国观点。1918年至1919年，人类普遍对战争极度厌倦，对为防止战争再次发生而做出的任何牺牲都感到焦虑，但在旧世界，没有一个政府愿意放弃其主权独立的哪怕是千分之一，以达到任何这种目的。威尔逊总统在世界国家联盟项目之前发表的公开讲话，在一段时间内似乎直接越过各国政府首脑向全世界人民发出呼吁；这些讲话被认为是在表达美国成熟的意图，得到了巨大的反响。不幸的是，威尔逊总统不得不与政府打交道，而不是与人民打交道；他是一个有着惊人的洞察力的人，但当他接受自我约束的考验时，他所激起的热情大浪就过去了，而且被浪费了。

狄龙博士在他的著作《和平会议》中说："当总统到达欧洲的海岸时，欧洲就像一块准备好迎接富有创造力的陶匠的黏土。在此之前，这些国家从来没有像现在这样热切地追随摩西，祈愿他会把他们带到那片长久以来都充满希望的土地上，那里禁止战争，封锁未知。他们认为他就是那个伟大的领袖。在法国，人们怀着敬畏和爱戴的心情向他鞠躬。巴黎的工党领袖告诉我，他们在他面前喜极而泣，他们的同志将赴汤蹈火，帮助他实现他的崇高计划。对意大利的工人阶级来说，他的名字是天国的号角，一听到这个声音，大地就会重生。德国人认为他和他的学说是他们安全的支柱。无畏的米尔伦先生说：'如果威尔逊总统对德国人发表讲话，对他们宣判一个严厉的判决，他们会毫无怨言地接受，并立即开始行动。'在德国和奥地利，他就像一位救世主，只需提到他的名字，对受苦的人就是一种抚慰。"

威尔逊总统曾经在人们心中燃起如此美好的愿望，以至于人们实在无法淡然地提起他又使人们多么彻底地失望，他所建立的国际联盟是多么的软弱和徒劳。他夸大了我们人类共同的悲剧，梦想的伟大映衬着实践的无能。美国反对其总统的行为，也不愿加入他的欧洲联盟。美国人民慢慢认识到这是一种毫无准备的仓促行动。欧洲方面也相应地认识到，美国在旧世界的末路上无法给予任何帮助。该联盟像一个有先天缺陷的早产儿，由于其详细和不切实际的宪法以及其明显的权力限制，它实际上已成为有效改善组国际关系的严重障碍。如果没有联盟，问题将会更加明显。然而，首先欢迎这一计划的全世界的热情火焰，世界各地的个人们，即不同于各国政府的人，对控制世界战争的准备，是任何历史都应着重记录的一件事。在短视的分裂和不当管理人类事务的政府背后，存在着一股促进世界统一和世界秩序的真正力量，而且这种力量还在增长。

从1918年起，世界进入了一个会议的时代。其中，哈定总统（1921年）在华盛顿召开的会议最为成功，也最具启发性。同样值得注意的是热那亚会议（1922年），德国和俄罗斯代表出席了会议的审议工作。我们不会详细讨论这些长议程的会议和谈判的细节。事实不言而喻，如果要避免像第一次世界大战那样的动乱和世界屠杀的悲剧，人类必须进行一项巨大的重建工作。不是像国际联盟这样仓促的临时行动，也不能是这个国家集团与那个集团之间拼凑起来的会议体系（以解决一切问题的姿态却丝毫带不来半点改变），因为这将无法满足我们面前的新时代的复杂政治需求。这需要人际关系科学、个人和群体心理学、金融和经济科学以及教育科学系统的发展与应用，目前这些科学仍然处于初级阶段。狭隘过时的、消亡或正在消亡的道德和政治思想必须被人类共同起源和命运这一简单明了的概念所取代。

但是，如果当今人类所面临的种种危险、困惑和灾难是以往任何时候都无法比拟的，那是因为科学给人类带来了前所未有的力量。大胆思考的科学方法，详尽清晰的陈述，详尽批判的计划，给了人类这些至今无法控制的力量，也给了人类控制这些力量的希望。人类还只是少年，他的烦恼不是衰老和疲惫，而是不断增长的、仍然散漫的力量。当我们把历史视为一种进程，就像我们在这本书中所做的那样，当我们看到生命为了理想与自律进行的坚定的努力时，我们就会真正看到当前的希望和危险所在。到目前为止，我们还远未达到人类伟大事业的最初阶段。然而，在花朵与落日的余晖中，在动物奔跑的矫健身姿中，在无数的景色中，我们得到了生命的启示。在艺术作品中，在音乐中，在宏伟的建筑和精致的园林中，我们认识到了人类改造世界的能力。我们拥有梦想，虽然我们的力量尚且涣散，但一直在增长。毋庸置疑，人类将实现最疯狂的想象，人类将实现统一与和平，我们的子孙将生生不息，世界将变得更加辉煌，不断实现突破，取得更大的成就。人类所做的一切，目前所取得的小小胜利，我们所讲述的全部历史，都只是引出未来无限可能的序章。

年表

　　大约在公元前1000年左右，雅利安人在西班牙半岛、意大利和巴尔干半岛正在建设自己的家园，那时，他们已经在印度北部建立了自己的国家。克诺索斯已经被摧毁了，三四个世纪之后，埃及才有了托特梅斯三世、阿蒙诺菲斯三世和拉美西斯二世在位时的广袤时代。然而第31个王朝的软弱君主统治着尼罗河谷。以色列在其早期国王的统治下统一；索尔、大卫，甚至所罗门都可能在位。阿卡迪亚苏美尔帝国的萨尔贡一世（公元前2750年）是巴比伦历史上一个遥远的记忆，比君士坦丁大帝与当今世界的距离还要遥远。汉谟拉比已经死了一千年。亚述人已经控制了军事实力较弱的巴比伦人。公元前1100年，泰格拉斯·皮勒瑟一世占领了巴比伦。但是没有永久的征服；亚述和巴比伦仍然是两个独立的帝国。在中国，新的周朝非常兴盛。英国的巨石阵已经有几百年的历史了。

　　接下来的两个世纪见证了埃及在印第安纳王朝统治下的复兴，短暂的希伯来所罗门王国的分裂，希腊人在巴尔干半岛、意大利南部和小亚细亚的扩张，以及伊特鲁里亚人统治意大利中部的日子。

我们的年表从可确定的日期开始记录，如下：

公元前

迦太基的建设　公元前800年

埃塞俄比亚征服埃及（建立第25王朝）　公元前790年

第一次奥林匹克运动会　公元前776年

罗马建成　公元前753年

提格拉·毗列色三世征服了巴比伦，建立了新的亚述帝国　公
元前745年

萨尔贡二世用铁做的武器武装亚述人　公元前722年

萨尔贡二世把以色列人驱逐出境　公元前721年

以撒哈顿占领了埃及的底比斯（推翻了埃塞俄比亚第25王
朝）　公元前680年

普萨姆提克一世恢复了埃及的自由，建立了第30王朝　公元前
664年

埃及法老尼哥在米吉多争战，打败犹太王约西亚　公元前608年

迦勒底人和米堤亚人夺取尼尼微，迦勒底帝国建立　公元前
606年

尼科攻击幼发拉底河，被尼布甲尼撒二世推翻（尼布甲尼撒把
犹太人掳到巴比伦去了）　公元前604年

波斯居鲁士接替了米堤亚人亚哈萨雷斯；塞勒斯征服克里萨斯
王　公元前550年

佛陀大约生活在这个时代；孔子和老子出现　公元前550年

居鲁士占领了巴比伦，建立了波斯帝国　公元前539年

大流士一世征服了从多瑙河至印度河流域的广大地区，并远征

斯基泰　公元前521年

　　马拉松战役　公元前490年

　　塞莫皮利战役和萨拉米斯战役　公元前480年

　　希腊人在普拉提亚和麦卡莱的战役完胜波斯　公元前479年

　　伊特鲁里亚舰队被西西里的希腊人摧毁　公元前474年

　　伯罗奔尼撒战争爆发（公元404年结束）　公元前431年

　　万军撤退　公元前401年

　　菲利普做了马其顿的国王　公元前359年

　　喀罗尼亚战役　公元前338年

　　马其顿军队进入亚洲，菲利普被谋杀　公元前336年

　　格拉尼克斯战役　公元前334年

　　伊苏斯战役　公元前333年

　　阿贝拉战役　公元前331年

　　大流士三世被杀　公元前330年

　　亚历山大大帝之死　公元前323年

　　旁遮普的钱德拉古塔的崛起；罗马人在卡夫季亚峡谷被萨谟奈
人彻底击败　公元前321年

　　皮拉斯入侵意大利　公元前281年

　　赫拉克利亚战役　公元前280年

　　奥斯库卢姆战役　公元前279年

　　高卢人突袭小亚细亚，在加拉太定居　公元前278年

　　皮洛士离开意大利　公元前275年

　　第一次布匿战争（阿育王开始统治比哈尔至227年）　公元前
264年

　　米勒战役　公元前260年

埃克诺莫斯之战　公元前256年

秦王嬴政即位　公元前246年

嬴政称始皇帝，成为中国的皇帝　公元前221年

中国的长城开始建造　公元前214年

秦始皇的死亡　公元前210年

扎马战役　公元前202年

迦太基被摧毁　公元前146年

阿塔拉斯三世将珀加蒙遗赠给罗马　公元前133年

马吕斯击退了日耳曼人　公元前102年

马吕斯的胜利。中国人征服塔里木河流域　公元前100年

所有意大利人都成为罗马公民　公元前89年

斯巴达克斯领导下的奴隶起义　公元前73年

斯巴达克斯的失败和终结　公元前71年

庞培率领罗马军队到达里海和幼发拉底河，与阿雷奈人交战　公元前66年

尤利乌斯·恺撒在法萨罗斯打败了庞培　公元前48年

尤利乌斯·恺撒被暗杀　公元前44年

屋大维被元老院赐封为"奥古斯都"（意如"神圣伟大"）（直到公元14年）　公元前27年

拿撒勒人耶稣的真实出生日期　公元前4年

公元　基督纪元开始

奥古斯都去世，提比略继任罗马皇帝　公元14年

拿撒勒人耶稣被钉在十字架上　公元30年

克劳迪斯（罗马军团的第一任皇帝）在杀死卡利古拉后被禁卫

军拥立为皇帝　公元41年

尼禄自杀（伽尔巴、奥托、维特里乌斯相继掌权）　公元68年

维斯帕先担任罗马皇帝　公元69年

哈德良接替图拉真，罗马帝国的鼎盛时期　公元117年

印度斯基泰人正在摧毁希腊统治印度的最后遗迹　公元138年

马可·奥勒留接替安东尼·皮乌斯　公元161年

大瘟疫开始了，并持续到奥勒留的死亡（公元180年），这也摧毁了整个亚洲（将近一个世纪的战争和混乱始于罗马帝国）　公元164年

汉末，开始了中国四百年的分裂　公元220年

阿尔塔薛西斯一世（第一个萨珊王朝国王）结束了波斯的阿萨珊王朝　公元227年

摩尼开始了他的教学　公元242年

哥特人突袭多瑙河　公元247年

哥特人的伟大胜利，德西乌斯皇帝被杀害　公元251年

萨珊王朝的第二个国王萨波尔一世占领了安提阿，俘虏了罗马瓦勒连皇帝，当他从小亚细亚回来时，被帕尔米拉的奥德纳图斯杀死　公元260年

摩尼在波斯被钉上十字架　公元277年

戴克里先成为罗马皇帝　公元284年

戴克里先迫害基督徒　公元303年

加勒略放弃了对基督徒的迫害　公元311年

君士坦丁大帝成为皇帝　公元312年

君士坦丁主持了尼西亚的宗教大会　公元323年

君士坦丁临终前受洗　公元337年

叛教者尤里安试图用密特拉教（或称作拜日教Mithraism）代替基督教　公元361—363年

狄奥多西成为东方和西方的伟大皇帝　公元392年

狄奥多西大帝去世，霍诺里乌斯和阿卡迪乌斯重新划分了帝国，斯提利科和阿拉里克成为他们的主人和保护者　公元395年

阿拉里克统治下的西哥特人占领了罗马　公元410年

汪达尔人定居在西班牙南部；匈奴人定居潘诺尼亚，哥特人在达尔马提亚；葡萄牙和西班牙北部也有西哥特人和苏维人；英语进入英国　公元425年

汪达尔人占领迦太基　公元439年

阿提拉突袭高卢，在特罗耶斯被法兰克人、阿勒曼尼人和罗马人打败　公元451年

匈奴王死亡　公元453年

汪达尔人解雇了罗马　公元455年

日耳曼部落的国王奥多亚塞告诉君士坦丁堡，西部没有皇帝；西罗马帝国的终结　公元470年

东哥特人西奥多里克征服意大利，成为国王，但名义上是君士坦丁堡的臣民（哥特人在被没收的土地上建立了自己的要塞）　公元493年

查士丁尼成为东罗马皇帝　公元527年

查士丁尼关闭了已经繁荣了近一千年的雅典学校；查士丁尼将军贝利萨留斯占领那不勒斯　公元529年

科斯罗伊斯一世开始统治　公元531年

君士坦丁堡时期的大瘟疫　公元543年

哥特人被查士丁尼逐出意大利　公元553年

东罗马帝国皇帝去世；伦巴第人征服了意大利北部的大部分地区（除了拉文纳和罗马拜占庭）　公元565年

穆罕默德诞生　公570年

科斯罗伊斯一世之死（伦巴第人在意大利占统治地位）　公元579年

瘟疫在罗马肆虐；科斯罗伊斯二世开始统治　公元590年

赫拉克利乌斯开始统治　公元610年

科斯罗伊斯二世在赫勒斯庞特上控制了埃及、耶路撒冷、大马士革和军队；中国唐朝开始　公元619年

穆罕默德从麦加逃亡　公元622年

波斯军队在尼尼微大败于赫拉克利乌斯；唐太宗成为中国的皇帝　公元627年

卡瓦德二世谋杀了他的父亲科斯罗伊斯二世，并继承王位；穆罕默德写信给世界上所有的统治者　公元628年

穆罕默德回到麦加　公元629年

穆罕默德去世；阿布·伯克尔控制印度半岛　公元632年

雅木克河之战；穆斯林教徒攻占叙利亚；奥马尔成为第二代哈里发　公元634年

唐太宗接待了荷兰传教士　公元635年

卡德西亚之战　公元637年

耶路撒冷向哈里发奥马尔投降　公元638年

赫拉克利乌斯去世　公元642年

奥斯曼成为第三代哈里发　公元643年

拜占庭舰队被穆斯林打败　公元655年

哈里发穆阿维亚从海上袭击君士坦丁堡　公元668年

赫斯塔尔的丕平成为执政者，重新统一奥地利北部和纽斯特里
亚　公元687年

穆斯林军队从非洲入侵西班牙　公元711年

哈里发瓦利德一世的疆域西至比利牛斯，东至中国　公元715年

瓦利德的儿子兼继承人苏莱曼未能占领君士坦丁堡　公元
717—718年

查理·马特在普瓦捷附近打败穆斯林　公元732年

丕平加冕为法兰西国王　公元751年

丕平去世　公元768年

查理曼大帝成为法兰克的王　公元771年

查理曼大帝征服了伦巴第　公元774年

克隆阿尔拉希德成为巴格达的哈里发（至809年）　公元786年

利奥三世成为教皇（至816年）　公元795年

利奥加冕为西部查理曼大帝　公元800年

埃格伯特曾是查理曼王朝的一名英国难民，后来成为威塞克斯
的国王　公元802年

保加利亚的克鲁姆打败并杀死了尼塞弗鲁斯皇帝　公元810年

查理曼大帝死亡　公元814年

埃格伯特成为英国第一任国王　公元828年

虔诚的路易去世了，卡洛温王朝也随之瓦解；直到962年，神
圣罗马帝国的皇帝才有了一个固定的继承权，尽管这个头衔是间歇
性出现的　公元843年

大约在这个时候，留里克（一个北欧人）成为诺夫哥罗德和基
辅的统治者　公元850年

鲍里斯成为保加利亚第一位基督教国王（至884年）　公元852年

俄国人（诺曼人）的舰队威胁君士坦丁堡　公元865年

俄国人（诺曼人）的舰队驶离君士坦丁堡　公元904年

罗洛成为诺曼底大公　公元912年

捕鸟人亨利被选为德国国王　公元919年

奥托一世继他的父亲捕鸟人亨利之后成为德国国王　公元936年

俄国舰队再次威胁君士坦丁堡　公元941年

德国国王奥托一世被约翰十二世加冕为皇帝（第一位撒克逊皇帝）　公元962年

休·卡佩特成为法国国王，加洛林王朝终结　公元987年

克努特成为英格兰、丹麦和挪威的国王　公元1016年

俄国舰队威胁君士坦丁堡　公元1043年

诺曼底公爵威廉征服英国　公元1066年

塞尔柱土耳其人统治下伊斯兰教的复兴；梅拉斯吉特之战　公元1071年

希尔德布兰德（即格里高利七世）成为教皇（至1085年）　公元1073年

诺曼人罗伯特·吉斯卡德洗劫罗马　公元1084年

乌尔班二世出任教皇　公元1089—1099年

乌尔班二世在克莱蒙召集了第一次十字军东征　公元1095年

布荣的戈弗雷占领了耶路撒冷　公元1099年

第二次十字军东征　公元1147年

萨拉丁成为埃及的苏丹　公元1169年

腓特烈·巴巴罗萨承认教皇（亚历山大三世）在威尼斯至高无上的权威　公元1176年

萨拉丁占领耶路撒冷　公元1187年

第三次十字军东征　公元1189年

英诺森三世出任教皇（至1216年），西西里岛国王弗雷德里克二世（4岁）成为他的养子　公元1198年

第四次十字军东征袭击了东罗马帝国　公元1202年

拉丁人占领君士坦丁堡　公元1204年

成吉思汗占领北京城　公元1214年

圣方济各去世　公元1226年

成吉思汗去世，从里海到太平洋被窝阔台统治　公元1227年

腓特烈二世开始了第六次十字军东征，并占领了耶路撒冷　公元1228年

蒙古人攻占基辅，俄罗斯称臣于蒙古人　公元1240年

蒙古人在西里西亚的列格尼茨取得胜利　公元1241年

最后一位霍亨斯陶芬皇帝腓特烈二世去世，德国的过渡期一直持续到1273　公元1250年

蒙哥成为大汗，忽必烈成为中国的统治者　公元1251年

旭烈兀汗夺取并摧毁巴格达　公元1258年

忽必烈成了大汗　公元1260年

希腊人从拉丁人手中夺回君士坦丁堡　公元1261年

哈布斯堡王朝的鲁道夫当选为皇帝；瑞士人组成了他们永恒的联盟　公元1273年

忽必烈在中国建立了元朝　公元1271年

忽必烈去世　公元1294年

实验科学的先驱罗杰·培根去世　公元1239年

大瘟疫，黑死病肆虐　公元1348年

中国元朝灭亡，明朝（1644年灭亡）取而代之　公元1368年

教皇格里高利十一世返回罗马　公元1377年

教会大分裂；乌尔班六世占据罗马，克莱门特七世在阿维尼翁　公元1378年

胡斯在布拉格传播威克里夫教义　公元1398年

君士坦丁堡康斯坦斯议会；胡斯被焚（1415）　公元1414-1418年

教会大分裂结束　公元1417年

穆罕默德二世统治下的奥斯曼土耳其人占领了君士坦丁堡　公元1453年

莫斯科大公伊凡三世脱离了蒙古人的统治　公元1480年

苏丹穆罕默德二世在准备征服意大利时去世　公元1481年

迪亚士绕过好望角　公元1486年

哥伦布横渡大西洋到达美洲　公元1492年

马西米利安一世当上了皇帝　公元1493年

瓦斯科·达·伽马绕过好望角航行到印度　公元1498年

瑞士成为一个独立的共和国　公元1499年

查理五世出生　公元1500年

英国国王亨利八世即位　公元1509年

利奥十世成为教皇　公元1513年

弗朗西斯一世成为法兰西国王　公元1515年

苏雷曼成为苏丹（1566年）大帝，统治从巴格达到匈牙利的整个地区；查理五世登基成为皇帝　公元1520年

巴伯赢得了帕尼帕特战役，与领德里，建立莫卧儿王朝　公元1525年

在波旁警察的指挥下，驻扎在意大利的德国军队夺取并洗劫了

罗马　公元1527年

苏莱曼围攻维也纳　公元1529年

查理五世受教皇加冕；亨利八世开始与教皇发生分歧　公元1530年

耶稣会成立　公元1539年

马丁·路德去世　公元1546年

暴君伊凡四世获得了俄国沙皇的称号　公元1547年

查理五世退位；阿克巴成为莫卧儿帝国国王（至1605年）　公元1556年

查理五世去世　公元1558年

苏莱曼去世　公元1566年

詹姆斯一世成为英格兰和苏格兰国王　公元1603年

"五月花"探险队到美洲，建立了新普利茅斯。第一位黑人奴隶被贩卖到弗吉尼亚州的詹姆斯敦　公元1620年

英国的查理一世即位　公元1625年

弗朗西斯·培根爵士（维鲁兰勋爵）去世　公元1626年

路易十四开始了他72年的统治　公元1643年

满族人灭明朝　公元1644年

《威斯特伐利亚和约》；荷兰和瑞士被承认为是自由共和国，普鲁士变得很重要。但条约既没有给皇上也没有给王子们带来彻底的胜利。佛兰德之战，它以法国国王的彻底胜利而告终　公元1648年

处死英国的查理一世　公元1649年

奥兰赞布成为莫卧儿的皇帝，克伦威尔去世　公元1658年

英国的查理二世即位　公元1660年

英国通过条约将阿姆斯特丹占为己有，并改名为纽约　公元

1674年

　　土耳其对维也纳的最后一次进攻被波兰的约翰三世击败　公元1683年

　　彼得大帝成为俄罗斯沙皇（至1725年）　公元1689年

　　腓特烈一世成为普鲁士第一任国王　公元1701年

　　奥兰赞布去世，莫卧儿帝国瓦解　公元1707年

　　普鲁士腓特烈大帝出生　公元1713年

　　路易十五成为法国国王　公元1715年

　　英国和法国为争夺美洲的印度而战；法国与奥地利和俄罗斯结盟对抗普鲁士和英国（1756—1763年）；七年战争　公元1755—1763年

　　英国将军沃尔夫占领了魁北克　公元1759年

　　英国的乔治三世即位　公元1760年

　　巴黎合约；加拿大割让给英国；英国统治印度　公元1763年

　　拿破仑·波拿巴诞生了　公元1769年

　　路易十六开始了他的统治　公元1774年

　　美国独立宣言　公元1776年

　　英国和新成立的美利坚合众国之间的和平条约　公元1783年

　　费城制宪会议建立了美国联邦政府；法国面临巨大的危机　公元1787年

　　美国第一届联邦国会在纽约召开　公元1788年

　　法国的国家元首会议；攻占巴士底狱　公元1789年

　　法国国王出逃　公元1791年

　　法国向奥地利宣战。普鲁士向法国宣战。瓦尔米战役。法国成为共和国　公元1792年

路易十六被斩首　公元1760年

罗伯斯庇尔和雅各宾共和国的终结　公元1794年

拿破仑镇压起义，以总司令的身份入侵意大利　公元1795年

拿破仑去埃及；尼罗河之战　公元1798年

拿破仑回到法国，成为拥有巨大权力的第一执政官　公元1799年

拿破仑称帝；弗朗西斯二世于1805年被封为奥地利皇帝，1806年被封为神圣罗马帝国皇帝；"神圣罗马帝国"走到了尽头　公元1804年

普鲁士战败于耶拿　公元1806年

拿破仑立他的兄弟约瑟夫为西班牙国王　公元1808年

西班牙裔美国人成为共和党人　公元1810年

拿破仑从莫斯科撤退　公元1812年

拿破仑退位，路易十八即位　公元1814年

查理十世成为法国国王　公元1824年

尼古拉一世成为俄国沙皇；第一条铁路出现，斯托克顿到达灵顿　公元1825年

纳瓦里诺之战　公元1827年

希腊独立　公元1829年

动荡的一年。路易·菲利普驱逐查理十世；比利时脱离荷兰；来自萨克森–科堡–哥达的利奥波德一世成为比利时这个新国家的国王；波兰发动反对俄国的起义未果　公元1830年

"社会主义"这个名词第一次被使用　公元1835年

维多利亚女王即位　公元1837年

维多利亚女王嫁给萨克森–科堡–哥达的阿尔伯特王子　公元1840年

拿破仑三世成为法国皇帝　公元1852年

克里米亚战争　公元1854—1856年

亚历山大二世成为俄国沙皇　公元1856年

维克托·伊曼纽尔成为意大利统一后的第一位国王；亚伯拉罕·林肯出任美国总统　公元1861年

日本向世界开放门户　公元1865年

拿破仑三世向普鲁士宣战　公元1870年

巴黎投降（1月）；普鲁士王成为"德国皇帝"；法兰克福合约　公元1871年

柏林条约；西欧开始46年的武装和平时期　公元1878年

弗雷德里克二世（3月）、威廉二世（6月）相继成为德国皇帝　公元1888年

中华民国成立　公元1912年

第一次世界大战爆发　公元1914年

两次俄国革命；布尔什维克攻权在俄罗斯的建立　公元1917年

第一次世界大战结束　公元1918年

第一次国际联盟会议，德国、奥地利、俄罗斯和土耳其被排除在外，美国没有派代表出席　公元1920年

希腊人完全不顾国际联盟反对，向土耳其人开战　公元1921年

土耳其人在小亚细亚大败希腊人　公元1922年

作者简介

[英]赫伯特·乔治·威尔斯（1866—1946），英国著名作家，出生于英国肯特郡，就读于皇家科学院，被誉为"现代科幻小说之父"。师从博物学家托马斯·亨利·赫胥黎，学习生物学，深受进化论影响，以新闻和文学创作闻名于世。他创作的科幻小说对该领域影响深远，如《时间旅行》《外星人入侵》《反乌托邦》等都是20世纪科幻小说中的主流话题。曾以其《世界史纲》奠定了在思想和学术界的地位和声誉，并著有《世界简史》。

译者简介

赛尔，职业译者。毕业于四川外国语大学英语系。致力于破除偏见，打破常识的壁垒，为多元文化的交流与传播尽绵薄之力。译作风格严谨而风趣，尊重事实而不失活泼，具有极强的可读性。参与翻译图书《不公正的世界》《长长的阴影》等。